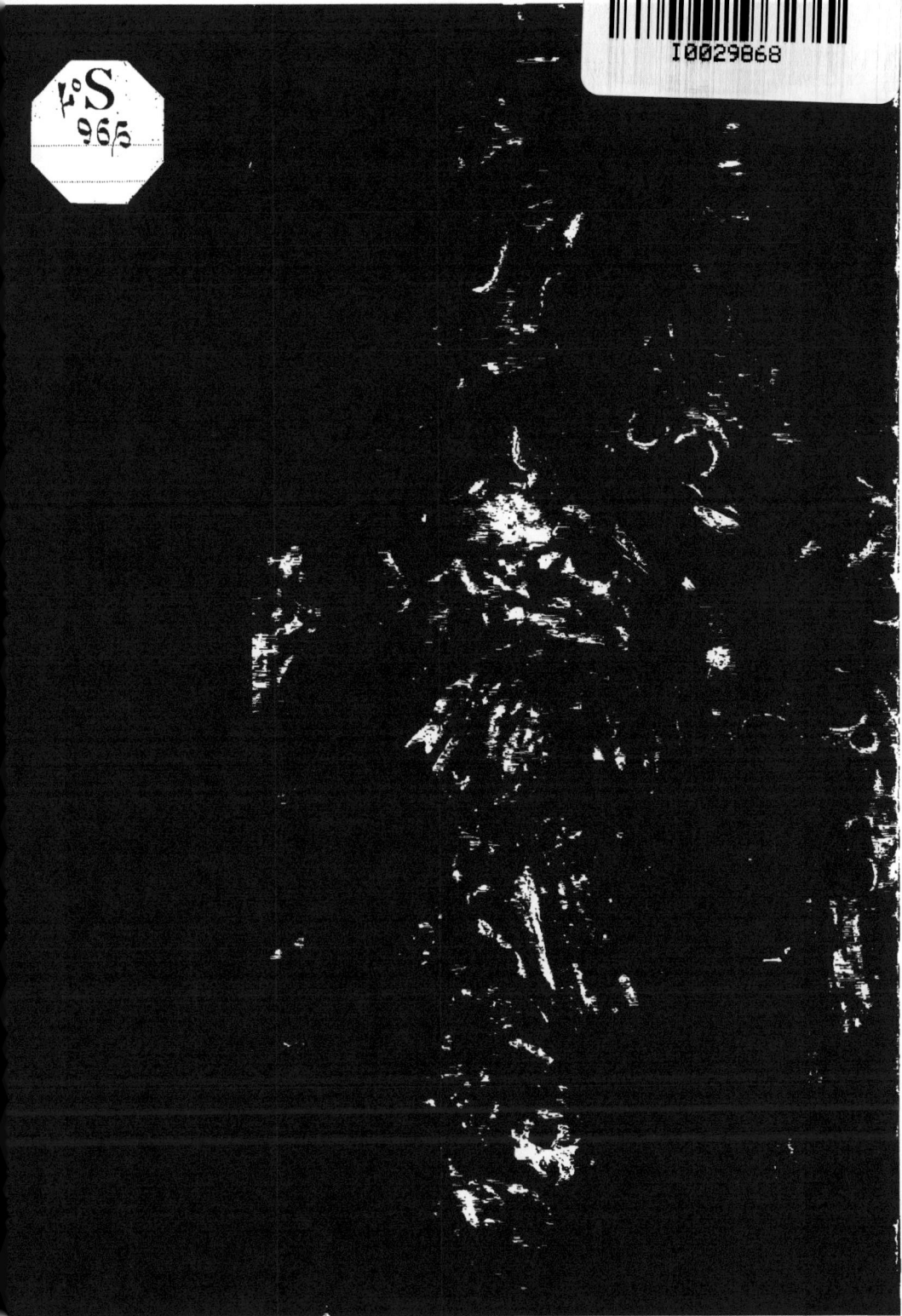

BARAST.REL.

ZOOLOGIE ET BOTANIQUE

ÉLÉMENTS

D'ANATOMIE ET DE PHYSIOLOGIE

ANIMALES ET VÉGÉTALES

DISPOSÉS SOUS FORME DE TABLEAUX SYNOPTIQUES

ET SUIVIS

D'UN VOCABULAIRE ÉTYMOLOGIQUE DES PRINCIPAUX TERMES SCIENTIFIQUES

A L'USAGE

DES ÉLÈVES DE PHILOSOPHIE,
DES CANDIDATS AU BACCALAURÉAT ÈS-LETTRES (DEUXIÈME PARTIE),
AU BACCALAURÉAT ÈS-SCIENCES RESTREINT,
ET AUX PREMIERS EXAMENS DE MÉDECINE.

PAR

L'abbé DESRAY

PROFESSEUR D'HISTOIRE NATURELLE

———

PARIS

PUTOIS-CRETTÉ, LIBRAIRE-ÉDITEUR

90, RUE DE RENNES, 90

—

1889

ÉLÉMENTS

D'ANATOMIE ET DE PHYSIOLOGIE

ANIMALES ET VÉGÉTALES

TYPOGRAPHIE FIRMIN-DIDOT. — MESNIL (EURE).

ÉLÉMENTS

D'ANATOMIE ET DE PHYSIOLOGIE

ANIMALES ET VÉGÉTALES

DISPOSÉS SOUS FORME DE TABLEAUX SYNOPTIQUES

À L'USAGE

DES ÉLÈVES DE PHILOSOPHIE
ET DES CANDIDATS AU BACCALAURÉAT ÈS-LETTRES (DEUXIÈME PARTIE)
ET AU BACCALAURÉAT ÈS-SCIENCES RESTREINT

PAR

L'abbé DESRAY

PROFESSEUR D'HISTOIRE NATURELLE

———⋙∾⋘———

PARIS

PUTOIS-CRETTÉ, LIBRAIRE-ÉDITEUR

90, RUE DE RENNES, 90

——

1889

INTRODUCTION.

Nous présentons avec confiance ces *Tableaux synoptiques d'Anatomie et de Physiologie* aux élèves de Philosophie et aux candidats au baccalauréat, car nous espérons qu'ils leur faciliteront la préparation de leur examen.

Il existe sans doute beaucoup d'ouvrages d'Histoire naturelle à l'usage des élèves de l'enseignement secondaire : mais parmi ces manuels, bien peu réunissent toutes les qualités désirables. L'un est incomplet et glisse trop facilement sur certaines questions du programme; tel autre, au contraire, est trop étendu; tel autre enfin manque d'ordre et de méthode.

Aussi n'est-il pas rare de voir les élèves se perdre dans les détails et les petits faits et ne pas remarquer suffisamment les points importants sur lesquels il faudrait insister. Bien souvent aussi, ils apprennent les différentes parties d'une même question sans voir les liens qui les rattachent entre elles, sans même soupçonner qu'il existe un ordre logique et un enchaînement naturel entre les faits si nombreux et si divers qui constituent la science des êtres vivants. Voilà ce qui explique la difficulté qu'ont beaucoup de jeunes gens à s'assimiler les sciences naturelles, c'est à ces causes principalement qu'il faut attribuer les réponses inexactes, vagues et embarrassées qu'ils font si souvent aux examens.

a

C'est pour faciliter le travail des étudiants qui ont entre les mains
un livre trop étendu et trop encombré de détails ou bien encore
péchant du côté de la disposition des matières, que nous avons
composé ces tableaux synoptiques, présentant, sous une forme con-
densée et méthodique, et en même temps très complète, toutes les
questions d'*Anatomie* et de *Physiologie* qui font partie des nouveaux
programmes.

Ce qui a été réalisé avec succès pour l'Histoire ancienne et moderne,
pour l'Histoire des Littératures et pour l'Histoire de la Philosophie,
nous l'avons entrepris pour la Zoologie et la Botanique ; et il nous
semble que, vu la multiplicité et la diversité des faits qu'embrassent
les sciences naturelles, le besoin s'en faisait au moins autant sentir
que pour l'Histoire politique ou pour l'Histoire littéraire. Voilà en
quelques mots la raison d'être du modeste travail que nous livrons à
la publicité. Inutile d'ajouter que nos tableaux offrent en outre un
avantage précieux, c'est celui de permettre, à la veille d'un examen,
une revision courte et facile qui autrement ne laisserait pas que d'être
longue et laborieuse.

On nous permettra de donner maintenant quelques conseils sur
l'emploi de ces tableaux synoptiques. Chaque tableau peut fournir,
en général, la matière d'une leçon. Que l'élève commence par lire
attentivement le tableau qu'il a à étudier, en ayant bien soin de
remarquer les différentes subdivisions et l'enchaînement des faits
qui s'y trouvent.

Puis, une fois qu'il aura fait, pour ainsi dire, la dissection de son
sujet, qu'il ait recours à son manuel pour toutes les explications et
les développements nécessaires, mais en cherchant toujours à rat-
tacher ces développements à quelque point particulier du tableau.
En procédant de la sorte, il se sera trouvé avoir analysé son livre,
opération indispensable, s'il veut le comprendre et le retenir ; il
aura aussi gravé dans son esprit nombre de détails qui autrement lui
auraient échappé, faute de points de repère.

Apprendre ainsi l'Histoire naturelle n'est plus une affaire de pure mémoire : l'intelligence y a sa part. C'est à cette dernière faculté qu'il appartient, en effet, de décomposer une question en ses parties essentielles, de découvrir les liens naturels qui unissent entre elles ces parties et de savoir ramener à quelques points fondamentaux une foule de notions qui, pour être d'une importance secondaire, n'en sont pas moins nécessaires à retenir.

C'est ainsi que l'étude de l'Histoire naturelle sera vraiment utile, car elle contribuera à la formation de l'intelligence, en même temps qu'elle fera briller aux yeux de l'esprit la splendeur des œuvres de la Création.

PROGRAMME

DU BACCALAURÉAT ÈS-LETTRES (DEUXIÈME PARTIE)

POUR LES SCIENCES NATURELLES.

I. Nutrition *(dans une plante phanérogame)*.

II. Reproduction *(dans une plante phanérogame)*.

PROGRAMME

DU BACCALAURÉAT ÈS-SCIENCES RESTREINT

(ZOOLOGIE ET BOTANIQUE).

N. B. — Les numéros indiquent les tableaux où les questions sont traitées.

Iᵉ ZOOLOGIE

2° BOTANIQUE

1° CARACTÈRES DISTINCTIFS DES ÊTRES INORGANIQUES ET ORGANIQUES.

ORIGINE............	Êtres inorganiques.	Ils se forment sous l'influence d'*actions physiques ou chimiques.*
	Êtres organiques...	Ils naissent toujours d'êtres vivants, *semblables à eux.*
ACCROISSEMENT.	Êtres inorganiques.	Ils s'accroissent par *juxtaposition* : l'accroissement peut être *indéfini.*
	Êtres organiques...	Ils s'accroissent par *intussusception* : l'accroissement est toujours *limité.*
FORME............	Êtres inorganiques.	Forme souvent *régulière* et géométrique : les surfaces planes dominent.
	Êtres organiques...	Forme le plus souvent *irrégulière* : les lignes et les surfaces courbes dominent.
STRUCTURE.......	Êtres inorganiques.	Structure partout *homogène* : rien d'analogu aux organes et aux tissus des êtres vivants.
	Êtres organiques...	Structure différente, suivant les différentes parties de l'organisme : on distingue des *appareils,* des *organes,* des *tissus,* des *cellules.*
COMPOSITION.....	Êtres inorganiques.	Composition *simple* : un, deux ou plusieurs éléments unis dans des proportions définies. Les corps inorganiques sont ordinairement *stables* et fixes.
	Êtres organiques...	Composition très *complexe* : éléments nombreux, unis ensemble pour former des *principes immédiats,* qui sont le plus souvent *instables* et facilement décomposables.
DURÉE............	Êtres inorganiques.	Leur durée est *indéfinie,* à moins d'une cause extérieure désagrégeante.
	Êtres organiques...	Leur durée est *limitée* : l'exercice de la vie est une cause de mort. Ils traversent trois périodes : 1° période d'accroissement; 2° période d'état; 3° période de décroissement.

2° CARACTÈRES DISTINCTIFS DES VÉGÉTAUX ET DES ANIMAUX.

STRUCTURE.....	Végétaux.	Organes moins nombreux que chez les animaux; *tissus moins nombreux et moins différenciés :* la cellule subit des transformations moins profondes et est toujours reconnaissable.
	Animaux.	Organes plus nombreux en raison des fonctions qui sont plus nombreuses; *tissus plus nombreux et plus différenciés :* la cellule subit de profondes transformations.
COMPOSITION...	Végétaux.	Composition plus simple que chez les animaux : les substances azotées sont moins répandues. La *chlorophylle* est abondamment répandue dans la plupart des plantes. La *cellulose,* pure ou modifiée, forme la membrane cellulaire de toutes les plantes.
	Animaux.	Composition plus complexe : les *substances azotées* sont beaucoup plus répandues. La chlorophylle n'existe que dans quelques animaux inférieurs. *Absence de cellulose.*
NUTRITION......	Végétaux.	Tous les végétaux à chlorophylle se nourrissent de matières minérales et *fabriquent* avec ces matières des substances organiques. Les végétaux sans chlorophylle (champignons et autres) ont besoin d'absorber des substances organiques toutes préparées : aussi sont-ils tous *parasites* ou *saprophytes.*
	Animaux.	Ils ont besoin d'absorber, comme les végétaux sans chlorophylle, des matières organiques toutes formées, qu'ils trouvent dans le règne végétal (Herbivores) ou même dans le règne animal (Carnivores).
ÉCHANGE DE GAZ AVEC L'ATMOSPHÈRE.	Végétaux.	Chez les végétaux à chlorophylle, il y a deux sortes d'échange....... { Absorption de O et dégagement de CO^2 (Respiration). Absorption de CO^2 et dégagement de O (Fonct. chlorophyllienne). Chez les végétaux sans chlorophylle, il y en a une seule sorte......... { Absorption de O et dégagement de CO^2.
	Animaux.	Ils se comportent comme les végétaux sans chlorophylle........... { Absorption de O et dégagement de CO^2.
MOUVEMENT....	Végétaux.	Chez les végétaux *supérieurs,* il n'y a pas de mouvement de déplacement de toute la plante : les mouvements partiels sont peu fréquents et peu étendus, et se produisent fatalement. Chez quelques plantes *inférieures* (surtout Algues), il y a un mouvement de déplacement de toute la plante; mais ces mouvements se produisent fatalement et involontairement.
	Animaux.	Chez la plupart des animaux, les mouvements sont nombreux, variés, étendus et volontaires. Chez quelques animaux inférieurs, les mouvements sont très restreints et même quelquefois presque nuls.
SENSIBILITÉ....	Végétaux.	Ils n'ont ni système nerveux, ni organes de sens : ils n'ont donc pas la sensibilité, mais seulement l'*irritabilité* qui appartient à tous les tissus vivants.
	Animaux.	Presque tous ont un *système nerveux* et des organes spéciaux pour les sens. Sensibilité consciente. — Instinct.

1

CELLULE ET TISSUS ANIMAUX.

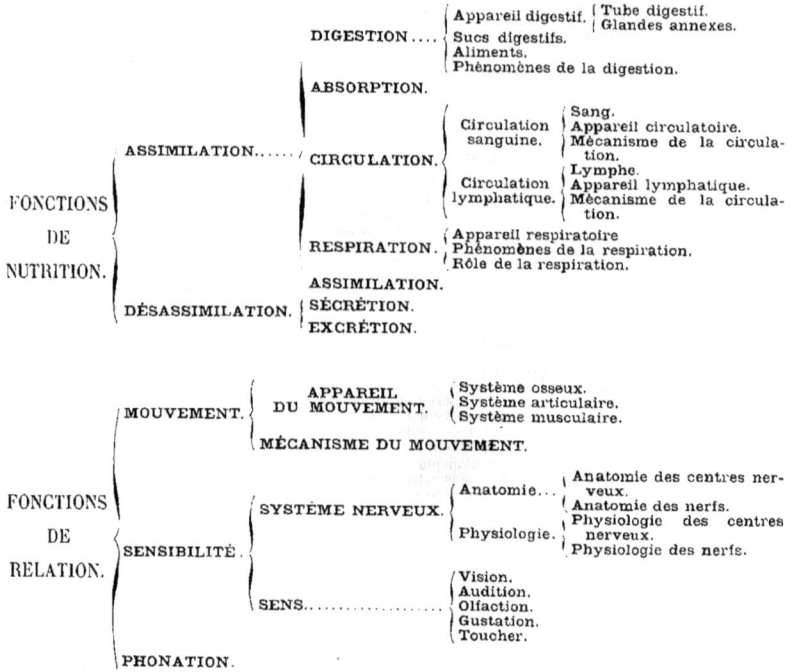

DIGESTION ....
- Appareil digestif. { Tube digestif. / Glandes annexes.
- Sucs digestifs.
- Aliments.
- Phénomènes de la digestion.

ABSORPTION.

ASSIMILATION......

CIRCULATION.
- Circulation sanguine. { Sang. / Appareil circulatoire. / Mécanisme de la circulation.
- Circulation lymphatique. { Lymphe. / Appareil lymphatique. / Mécanisme de la circulation.

RESPIRATION.
- Appareil respiratoire
- Phénomènes de la respiration.
- Rôle de la respiration.

DÉSASSIMILATION.
- ASSIMILATION.
- SÉCRÉTION.
- EXCRÉTION.

FONCTIONS DE NUTRITION.

MOUVEMENT.
- APPAREIL DU MOUVEMENT. { Système osseux. / Système articulaire. / Système musculaire.
- MÉCANISME DU MOUVEMENT.

SENSIBILITÉ.
- SYSTÈME NERVEUX. { Anatomie... { Anatomie des centres nerveux. / Anatomie des nerfs. } Physiologie. { Physiologie des centres nerveux. / Physiologie des nerfs. }
- SENS................ { Vision. / Audition. / Olfaction. / Gustation. / Toucher. }

PHONATION.

FONCTIONS DE RELATION.

CLASSIFICATION DES ANIMAUX.

MODIFICATIONS DES DIFFÉRENTS APPAREILS DANS LA SÉRIE ANIMALE.

CARACTÈRES DE LA CELLULE.

- **PROTOPLASME.**
  - **Structure...**
    - Élément fondamental qui, à lui seul, peut constituer toute la cellule.
    - Substance amorphe, parsemée de granulations, de consistance variable, souvent gélatineuse.
    - Souvent *vacuoles* remplies de suc cellulaire.
  - **Composition chimique.**
    - Substances albuminoïdes.
    - Substances ternaires, grasses et amyloïdes.
    - Substances inorganiques.
  - **Propriétés..**
    - **Irritabilité.** Faculté de réagir en présence d'une excitation. Toute excitation produit une réaction et il n'y a pas de réaction sans excitation.
    - **Motilité....**
      - Mouvement du protoplasme intra-cellulaire.
      - Mouvements amiboïdes.
      - Mouvements contractiles.
      - Mouvements vibratiles.
- **NOYAU..........**
  - Corpuscule sphérique, situé ordinairement dans la partie centrale du protoplasme, contenant une ou plusieurs granulations (*nucléole*).
  - Composition azotée.
  - Il peut y en avoir plusieurs; mais aussi il peut manquer.
- **MEMBRANE....**
  - Membrane enveloppant le protoplasme, de consistance très variable.
  - Perméable à l'eau et aux solutions aqueuses.
  - Composition *azotée*.
  - Il peut ne pas y avoir de membrane.

ÉVOLUTION CELLULAIRE.

- **GENÈSE.............**
  - **Multiplication endogène.** Divisions successives du protoplasme à l'intérieur de la membrane.
  - **Multiplication par scission.** Division intéressant d'abord le noyau, puis le protoplasme et enfin la membrane.
  - **Multiplication par gemmation.** Formation, sur la cellule, de bourgeons, qui bientôt deviennent eux-mêmes de vraies cellules.
- **DÉVELOPPEMENT.**
  - **Accroissement.** Absorption, par endosmose, de matériaux que la cellule s'assimile et au moyen desquels elle s'accroît.
  - **Transformation.**
    - La cellule, en changeant de forme, peut conserver le type cellulaire.
    - La cellule peut perdre son caractère de cellule. Ex. : fibre musculaire, fibre connective.
- **MORT............**
  - **Mort mécanique.** (Cellules superficielles.)
  - **Transformation chimique.**
    - Transformation graisseuse.
    - Infiltration calcaire.
  - **Résorption.** La cellule peut être détruite, en étant entraînée, molécule à molécule, par le sang.

TISSUS ÉPITHÉLIAUX.

TISSU ÉPITHÉLIAL ORDINAIRE.
Tissu formé de cellules juxtaposées en couches simples ou superposées, et constituant l'*épiderme* et l'*épithélium*.
Cellules : polyédriques, cylindriques, pavimenteuses ou vibratiles.
Destruction incessante en dessus, reproduction dans les couches profondes.
Composition chimique : *kératine* (C, H, O, Az, S) unie à des principes inorganiques.

TISSU CUTICULAIRE.
Formation analogue à la cuticule de l'épiderme des végétaux.
Appendices cuticulaires : *poils, cornes, ongles, écailles*, etc.
Chitinisation ou Calcification : squelette extérieur des Articulés.

TISSUS CONJONCTIFS.

Tous les tissus conjonctifs sont formés par une *substance fondamentale* ou intercellulaire, interposée entre les *cellules conjonctives*.

TISSU CELLULAIRE.
Réseaux de cellules dont les mailles contiennent souvent des corps étrangers : ce tissu se trouve dans tout le corps, où il remplit les vides entre les organes.
Il est appelé *tissu adipeux*, quand ses mailles se chargent de graisse.
Il est composé par *substance collagène*, qui, traitée par l'eau bouillante, donne de la *gélatine* (principe azoté).

TISSU FIBREUX.
Cellules conjonctives, fusiformes ou ramifiées.
Substance intercellulaire, disposée en *faisceaux de fibres résistantes*.
Ce tissu forme les membranes fibreuses, les aponévroses, le périoste, les tendons, les ligaments, le derme muqueux et le derme cutané, etc.
Composition chimique identique à celle du tissu cellulaire.

TISSU CARTILAGINEUX.
Cellules cartilagineuses *arrondies*, plongées dans une substance intercellulaire homogène, blanche, translucide, *dépourvue de vaisseaux*.
Ce tissu forme les extrémités articulaires des os ; à un certain moment de leur développement, les os sont constitués uniquement par ce tissu.
Ce tissu est constitué chimiquement par une substance organique donnant de la *chondrine* (C, H, O, Az, S) et imprégnée de sels minéraux et d'eau.

TISSU OSSEUX....
Cellules osseuses étoilées (*ostéoplastes*).
Substance intercellulaire, constituée par *osséine* imprégnée abondamment de *sels calcaires*. L'osséine, traitée par l'eau bouillante, se transforme en une substance isomérique, la *gélatine* (C, H, O, Az, S).
Voir Système osseux.

TISSU MUSCULAIRE.
Voir Système musculaire.

TISSU NERVEUX.

STRUCTURE..

Cellules nerveuses.
Cellules arrondies, à protoplasme granuleux, riche en graisse et à noyau sphérique. — *Apolaires, uni, bi* ou *multi-polaires.*
Les *prolongements cellulaires* établissent les communications entre les différentes cellules et entre celles-ci et les nerfs.
Les cellules nerveuses sont les centres d'ébranlement.

Tubes nerveux.
Cylinder-axis : Élément essentiel du tube nerveux : c'est le prolongement des appendices des cellules : il se termine aux fibrilles musculaires par *plaques terminales* et aux organes de la sensibilité par les *corpuscules du tact* ou par appareils spéciaux.
Organes conducteurs du mouvement et de la sensibilité.
Myéline : Matière composée de substances grasses et de substances albuminoïdes, entourant le cylinder-axis.
Paraît remplir le rôle de *matière isolante.*
Gaîne de Schwan : enveloppe mince et transparente.

COMPOSITION CHIMIQUE.

Matières inorganiques.
Eau.
Sels : NaCl et Phosphates alcalins.

Matières organiques non azotées.
Cholestérine. — Inosite. — Acides gras (palmitique, lactique). — Lécithine. — Cérébrine.

Matières organiques azotées.
Substances albuminoïdes de plusieurs sortes.
Matières extractives.
Créatine. — Xanthine. — Hypoxanthine.
Urée. — Leucine.

BOUCHE.

JOUES.......... { Couche cutanée. / Couche musculeuse. / Couche glanduleuse. / Couche muqueuse.

PALAIS.........
- Voûte palatine. { Os palatins. / Couche fibro-muqueuse.
- Voile du palais.
  - Structure....... { Membrane fibreuse. / Couche musculeuse. / Couche glanduleuse. / Couche muqueuse.
  - Dépendances... { Luette. / Piliers du voile du palais. / Amygdales.

LANGUE......... | *Voir Gustation.*

APPAREIL MASTICATEUR.
- Muscles masticateurs. { Masséter. / Temporal. / Ptérygoïdien externe. / Ptérygoïdien interne.
- Mâchoires.... { Maxillaires supérieurs. — (Intermaxillaire.) / Maxillaire inférieur.
- Gencives.
- Dents.........
  - Parties...... Racine. — Collet. — Couronne.
  - Espèces .....
    - *Incisives* : $\frac{2}{2}$ une racine.
    - *Canines* : $\frac{1}{1}$ une racine.
    - *Prémolaires* : $\frac{2}{2}$ une racine.
    - *Molaires* : $\frac{3}{3}$ deux, trois, quatre racines.

    1° Dents temporaires. 2° Dents permanentes

    Spéciales à la seconde dentition.
  - Structure ....
    - *Pulpe dentaire.* { Reste du bulbe. / Vaisseaux et nerfs.
    - *Ivoire (Dentine).* { Substance amorphe de composition chimique analogue à celle des os. / Canalicules dentaires de la pulpe à la périphérie.
    - *Émail-Cément.* { L'émail est très pauvre en matières organiques.
  - Développement.
    - *Capsule dentaire.* { Périoste alvéolo-dentaire de nature fibro-vasculaire. Elle sécrète l'émail et le cément, contribue à l'alimentation de la dent.
    - *Bulbe dentaire.* { Il naît au centre de l'alvéole à l'intérieur de la capsule : il sécrète l'ivoire sous forme d'étuis qui s'emboîtent les uns dans les autres.

PHARYNX

FORME ......
Entonnoir musculo-membraneux, communiquant : *en avant*, avec la bouche par l'isthme du gosier ; *en haut*, avec fosses nasales ; *en bas, postérieurement*, avec œsophage, *antérieurement*, avec larynx.

STRUCTURE.
Couche fibro-musculeuse.
Couche muqueuse.

ŒSOPHAGE

FORME ......
Conduit cylindrique, allant de l'œsophage à l'estomac, situé entre la colonne vertébrale et la trachée-artère.

STRUCTURE.
Couche musculeuse (fibres *longitudinales* et *circulaires*).
Couche fibro-celluleuse.
Couche muqueuse (molle, à plis longitudinaux).

ESTOMAC

FORME ......
Poche en forme de cornemuse, située sous le diaphragme.
Grande courbure et petite courbure.
Grand cul-de-sac et petit cul-de-sac.
Cardia. — Pylore.

STRUCTURE.
Tunique séreuse : *péritoine.*
Tunique musculeuse : fibres longitudinales, circulaires et obliques.
Tunique celluleuse.
Tunique muqueuse. { Tissu propre. | Derme et épithélium. { Glandes ...... { Glandes muqueuses. Glandes à suc gastrique.

INTESTIN GRÊLE.

FORME ......
Tube étroit, replié sur lui-même, très long, maintenu en place par le péritoine (*mésentère*).
3 parties : *Duodénum. — Jéjunum. — Iléon.*

STRUCTURE.
Tunique séreuse : Péritoine.
Tunique musculeuse : Fibres *longitudinales* et *circulaires*.
Tunique celluleuse.
Tunique muqueuse. { Tissu propre : Derme et épithélium. Valvules conniventes. Villosités intestinales. Glandes intestinales (suc intestinal).

GROS INTESTIN..

FORME ......
Tube assez gros, boursouflé, comprenant trois parties :
1° **Cœcum** : Valvule *iléo-cœcale*, appendice cœcal.
2° **Colon** : C. *ascendant.* — C. *transverse.* — C. *descendant.*
3° **Rectum** : Il se termine par l'anus (*sphincter*).

STRUCTURE.
Tunique séreuse : Péritoine.
Tunique musculeuse : Fibres longitudinales et circulaires.
Tunique celluleuse.
Tunique muqueuse. { Tissu propre. Glandes.

GLANDES SALIVAIRES.

STRUCTURE.

- **Glandes parotides.** — Glandes paires, en grappe, *les plus volumineuses* des glandes salivaires, situées entre l'oreille et la mâchoire inférieure. Le canal excréteur est le canal de *Sténon*.

- **Glandes sous-maxillaires.** — Glandes *moins grosses*, situées sous l'angle de la mâchoire inférieure : le canal excréteur (*canal de Wharton*) s'ouvre près du frein de la langue.

- **Glandes sublinguales.** — Glandes *petites*, situées sous le devant de la langue, déversent leur salive par plusieurs conduits isolés près du canal de Wharton.

FONCTION. — Elles sécrètent la salive *constamment*, mais plus abondamment pendant la veille, la mastication ou à la vue des aliments. La salive des parotides est aqueuse et claire : celle des autres glandes salivaires est gluante. La *salive mixte* résulte du mélange des trois salives.

FOIE.

STRUCTURE.

- **Ensemble du foie.** — Glande impaire, irrégulière, située à droite, au sommet de l'abdomen, recouverte d'une membrane *fibreuse* qui émet à l'intérieur de nombreuses cloisons, et d'une membrane *séreuse* (péritoine).

- **Lobules.** — *Acini*, entassés les uns sur les autres, et tapissés de nombreuses *cellules hépatiques* : chaque acinus émet un *canalicule*.

- **Voies biliaires.**
  - Canal hépatique. — Formé par la réunion des canalicules biliaires. Ces conduits contiennent de *nombreuses glandes*.
  - Canal cystique. — De la vésicule du fiel au canal hépatique.
  - Vésicule du fiel. — *Réservoir* de la bile.
  - Canal cholédoque. — Réunion des canaux hépatique et cystique ; aboutit au duodénum.

- **Vaisseaux.**
  - Artère hépatique. — Sert à la nutrition du foie.
  - Veine-porte. — Fournit matériaux pour production de la bile et du sucre.
  - Veines sus-hépatiques. — Ramènent le sang du foie dans veine cave inférieure.
  - Vaisseaux lymphatiques. — Nombreux.

FONCTIONS.

- **Sécrétion biliaire.** — La bile est sécrétée par les glandes qui tapissent les canalicules biliaires.

- **Fonction glycogénique.** — Le sang se charge de sucre en traversant le foie (on le prouve par l'analyse du sang de la veine-porte et des veines sus-hépatiques). Cette formation de sucre ne dépend pas du genre de nourriture. Le sucre est formé par *ferment glycogène* contenu dans le foie, aux dépens des *matériaux du sang* amené par veine-porte. Ce sucre, entraîné dans la circulation, sert d'aliment à la combustion respiratoire.

- **Formation de graisse.** — Question non élucidée.

- **Hématopoïèse.** — Formation de globules sanguins ? Destruction des globules sanguins ?

PANCRÉAS.

STRUCTURE. — Glande *en grappe composée*, de forme allongée, située transversalement en avant de la colonne vertébrale, derrière l'estomac. Le canal excréteur occupe l'axe de la glande dans toute sa longueur, et débouche dans le duodénum, par un orifice qui lui est commun avec le canal cholédoque. Dans l'épaisseur des parois des conduits principaux, se rencontrent de petites glandes en grappe, analogues à celles que l'on observe dans les canaux biliaires.

FONCTION. — Sécrétion du suc pancréatique.

SALIVE.

- **APPAREIL SÉCRÉTEUR.** Glandes salivaires (salive parotidienne, salive sous-maxillaire, salive sublinguale).
- **COMPOSITION**
  - Eau.
  - Sels.....
    - Sulfocyanure de K.
    - Chlorures de K, Na.
    - Phosphates de NaO, CaO, MgO.
    - Carbonates de KO, NaO, CaO.
  - Mucus buccal et débris d'épithélium.
  - Ferment. | Ptyaline (diastase salivaire).
- **ROLE**
  - 1° *Imbibition* des aliments, facilitant la mastication et la déglutition.
  - 2° *Dissolution* des parties solubles dans liquide alcalin.
  - 3° *Transformation* (par la ptyaline) des matières amylacées, en dextrine, puis *en glucose* soluble et assimilable.

SUC GASTRIQUE.

- **APPAREIL SÉCRÉTEUR.** Glandes *pepto-gastriques* logées dans la muqueuse de l'estomac (région cardiaque); les glandes *muco-gastriques* se trouvent surtout dans la région pylorique.
- **COMPOSITION**
  - Eau.
  - Sels.....
    - Chlorures de K, Na, Ca.
    - Phosphates de CaO, MgO, FeO.
  - Acides... | Chlorhydrique. — Lactique.
  - Ferment. | Pepsine.
- **ROLE** La pepsine, sous l'influence des acides, transforme les substances albuminoïdes en matière assimilable (*albuminose* ou *peptone*).

BILE.

- **APPAREIL SÉCRÉTEUR.** | Foie.
- **COMPOSITION**
  - Eau.
  - Sels.......
    - *Inorganiques.*
      - Chlorures de K, Na.
      - Phosphates de KO, NaO, MgO, FeO.
      - Taurocholate et Glyco-cholate de NaO.
    - *Organiques...* Oléates et palmitates alcalins.
  - Corps gras.
    - Cholestérine.
    - Palmitine. — Oléine. — Stéarine.
  - Matières colorantes.
    - Bilirubine. — Biliverdine.
- **ROLE** Émulsionnement des corps gras. Liquide de désassimilation.

SUC PANCRÉATIQUE.

- **APPAREIL SÉCRÉTEUR.** | Pancréas.
- **COMPOSITION**
  - Eau.
  - Sels..........
    - Chlorures de K, Na.
    - Phosphate de CaO. — Carbonate de CaO.
  - Matières albuminoïdes. | Albumine. — Albuminate de KO.
  - Ferments.....
    - Ferment pour matières albuminoïdes. — F. pour Hydrocarbonés. — F. pour graisses.
- **ROLE** Il agit sur les matières albuminoïdes comme le suc gastrique — sur les hydrocarbonés comme la salive — sur les graisses comme la bile.

SUC INTESTINAL.

- **APPAREIL SÉCRÉTEUR.** | Glandes logées dans la muqueuse intestinale.
- **COMPOSITION**
  - Eau.
  - Sels....
    - Chlorures de K, Na.
    - Phosphate de NaO. — Carbonate de NaO.
  - Albumine.
- **ROLE** Il paraît avoir la triple action du suc pancréatique, mais à un degré beaucoup moins élevé.

MATIÈRES MINÉRALES...

NATURE ......
- Eau.
- Acide silicique.
- Fluorure de calcium.
- Chlorures de K, Na, Ca.
- Phosphates de KO, NaO, CaO, MgO.
- Carbonates de KO, NaO, CaO.
- Sulfates de KO, NaO.
- Sels de fer.

PROVENANCE. Ces matières minérales se trouvent dans les substances alimentaires ingérées, qu'elles soient d'origine *animale* ou d'origine *végétale*.

RÔLE .... Ces matières se déposent dans les *tissus* et les *liquides* de l'économie animale, qui *tous* en contiennent quelques-unes et en perdent chaque jour une certaine quantité, par les fonctions de désassimilation.

MATIÈRES GRASSES .....

NATURE ...... Les matières grasses sont des mélanges de *stéarine*, d'*oléine*, de *palmitine* (principes immédiats composés de *glycérine* et des *acides stéarique, oléique, palmitique*). Formule chimique : $C^m H^n O^{n-r}$. — Émulsionnées par la digestion.

PROVENANCE.
- Végétale. Graine (*Albumen* ou *cotylédon*) : Colza, lin, noix. Fruit (*Mésocarpe*) : Olivier.
- Animale. Graisse des animaux (tissu adipeux).

RÔLE ...... 1° Combustion respiratoire. 2° Formation de la graisse.

MATIÈRES AMYLOÏDES....

NATURE ...... Formule chimique : $C^m H^n O^n$ (*Hydrocarbonés, hydrates de carbone*). Se transforment en glucose dans l'acte de la digestion.

PROVENANCE.
- Matière amylacée. Amidon : graines nombreuses, surtout des céréales et des légumineuses. Fécule : tubercules (pomme de terre), fruits.
- Inuline (certaines racines).
- Cellulose (parois des cellules végétales).
- Pectose (fruits, beaucoup de racines).
- Matières sucrées (fruits, racines).

RÔLE ...... 1° Combustion respiratoire. 2° Transformation en matières grasses (graisses).

MATIÈRES ALBUMINOÏDES.

NATURE ...... Formule chimique : $C^m H^n O^p Az^q$ + S ou Ph (*Matières azotées*). Se transforment en peptone sous l'action de la pepsine pendant la digestion.

PROVENANCE.
- Albumine. Sérum sanguin. — Œufs. — Sucs végétaux.
- Fibrine.... Sang. — Tissu musculaire (*Myosine*).
- Caséine.... Lait. — Lentilles, haricots, pois.
- Légumine. Substances végétales. (Lentilles, haricots, pois).
- Glutine.... Gluten de la graine des céréales.
- Gélatine... Résulte de l'action de l'eau bouillante sur os, tendons, ligaments, membranes fibreuses, tissu cellulaire, derme.
- Chondrine. Provient des cartilages.
- Vitelline .. Jaune de l'œuf, où elle est associée à des matières grasses.

RÔLE .... 1° Assimilation : formation et réparation des tissus. 2° Combustion respiratoire. 3° Transformation en graisse.

2

PRÉHENSION.... La préhension des aliments se fait *par les mains* chez l'homme.
Chez les autres animaux, le mode de préhension *varie suivant l'espèce animale.*

MASTICATION...

ACTION DES MUSCLES MASTICATEURS...........

Massèter : *Élévation* de la mâchoire inférieure.

Temporal : *Élévation* de la mâchoire.

Ptérygoïdien interne   *Élévation et diduction* (mouvement latéral).

Ptérygoïdien externe : *protraction* (si les deux agissent); *diduction* (si un seul agit).

ACTION DE LA MACHOIRE.

Articulation temporo-maxillaire (*condyle* reçu dans la *cavité glénoïde*).

Modification de la *hauteur* de la branche montante du maxillaire et de la *forme* de la cavité glénoïde, suivant l'espèce animale.

ACTION DES DENTS .... Incisives. — Canines. — Molaires.

INSALIVATION ..

Imbibition des aliments, facilitant la mastication et la déglutition.

Dissolution des matières solubles dans la salive (liquide alcalin).

Transformation (par la ptyaline) des aliments amylacés en dextrine, puis *en glucose* soluble et assimilable.

DÉGLUTITION...

1° LE BOL ALIMENTAIRE FRANCHIT L'ISTHME DU GOSIER....................

Action de la langue sur le bol alimentaire.
Occlusion de l'isthme du gosier par la langue.

2° LE BOL ALIMENTAIRE FRANCHIT LE PHARYNX.

Mouvements du pharynx. { Ascension. Contraction.

Occlusion des voies respiratoires.................. { Abaissement de l'épiglotte.

Occlusion des fosses nasales.................... { Soulèvement du voile du palais.

3° LE BOL ALIMENTAIRE FRANCHIT L'ŒSOPHAGE. Action des fibres musculaires longitudinales et circulaires.

CHYMIFICATION.

CAUSES DE LA CHYMIFICATION....................

Mouvements péristaltiques, par contraction des fibres musculaires longitudinales et obliques de la paroi stomacale.

Action du suc gastrique, transformant (*par sa pepsine*) les matières albuminoïdes en albuminose ou peptone.

PRODUIT DE LA CHYMIFICATION ....

Le produit de la chymification est le *chyme, pâte grisâtre*, semi-liquide, qui exige pour se former un séjour des aliments de *3 à 4 heures* dans l'estomac.

La contraction du pylore empêche, pendant ce temps, le passage dans l'intestin.

CHYLIFICATION.

CAUSES DE LA CHYLIFICATION....................

Action mécanique. { Mouvements péristaltiques de l'intestin, favorisant les actions chimiques, et faisant progresser la pâte alimentaire.

Actions chimiques. { Action de la bile....... Action du suc pancréatique.................. Action du suc intestinal. } *Voir Sucs digestifs.*

PRODUIT DE LA CHYLIFICATION ....

Le produit de la chylification est le *chyle : suc liquide, blanc laiteux*, légèrement salé et alcalin, contenant, en suspension, des globules de couleur blanche et des granulations de graisse (matière grasse émulsionnée). Il se coagule à l'air (comme le sang et la lymphe) en formant un sérum et des caillots.

Absorption au sens strict : *passage, dans le torrent circulatoire, des matériaux contenus dans le tube digestif et rendus solubles et assimilables par la digestion.*

Absorption dans un sens large : *passage, dans le torrent circulatoire, de matériaux quelconques situés soit hors de l'organisme, soit à l'intérieur de l'organisme (résorption).*

ABSORPTION GASTRO-INTESTINALE.

ABSORPTION PAR LES VEINES..........................

- **Matières absorbées.** { Eau, sels, boissons. Albuminose, glucose (*partim*).
- **Trajet.....** { Veines de l'estomac ou de l'intestin. Veine-porte. — Foie. — Veine sus-hépatique. Veine cave inférieure.

ABSORPTION PAR LES CHYLIFÈRES.................

- **Matières absorbées.** { Émulsion grasse. Albuminose, glucose (*partim*).
- **Trajet.....** { Villosités intestinales. — Réseaux chylifères. Ganglions lymphatiques. Canal thoracique. Veine sous-clavière gauche. Veine cave supérieure.

ABSORPTION PULMONAIRE.

ABSORPTION DE GAZ.......

- *Absorption normale de l'oxygène (Respiration).*
- *Absorption accidentelle.* { Vapeurs enivrantes ou anesthésiques. Gaz toxiques.

ABSORPTION DE LIQUIDES. | Matières colorantes. — Liquides toxiques. (*Faits expérimentaux.*)

ABSORPTION DE SOLIDES.. | Poussières atmosphériques. — Microbes.

ABSORPTION PAR LES TÉGUMENTS.

ABSORPTION CUTANÉE.....

- *Réalité de l'absorption* : Bains et frictions thérapeutiques.
- *Elle est peu active.....* { Couche cornée de l'épiderme, enduit sébacé.

ABSORPTION MUQUEUSE... { Bien plus active que l'absorption cutanée. Muqueuses ordinaires. Muqueuses des réservoirs (résorption).

ABSORPTION PAR LES SÉREUSES.

A l'état physiologique......... | Résorption lente, mais continue.

A l'état pathologique.......... | Quelquefois résorption active et rapide.

ABSORPTION PAR LE TISSU CELLULAIRE.

{ Résorption de sang dans les contusions (*ecchymoses*). Résorption de sérosités dans l'*œdème*. Résorption de la graisse des vésicules adipeuses dans l'*amaigrissement*.

COMPOSITION.

- **GLOBULES.**
  - **Globules rouges.**
    - *Composition.* — Stroma (*Globuline*). { Albumine. Fibrine. } — Matière colorante. (*Hémoglobine*)... { Matière albuminoïde contenant du fer. }
    - *Forme.* — Discoïdes, circulaires, aplatis et biconcaves *chez l'Homme et les Mammifères.* Elliptiques et biconvexes *chez les autres Vertébrés.* Flexibles et élastiques. — Diamètre = $0^{mm},007$.
    - *Origine.* — Ce sont des globules blancs transformés.
  - **Globules blancs.**
    - *Composition.* — Leur composition est celle du protoplasma.
    - *Forme.* — Incolores, sphériques, doués de mouvements amiboïdes. Beaucoup *plus gros* que les globules rouges (diamètre = $0^{mm},01$.) Beaucoup *moins nombreux* (1 pour 500 globules rouges).
    - *Origine.* — Ce sont des globules de la lymphe transformés.
- **PLASMA....**

	Matériaux d'assimilation pouvant trouver emploi dans l'organisme.	Matériaux de désassimilation destinés à être expulsés.
Matières minérales.	Eau. Chlorures et sulfates alcalins. Phosphates et Carbonates de KO, NaO, CaO, MgO. Oxygène.	Eau. Tous les sels de l'alimentation en excès. Acide carbonique. — Azote.
Matières grasses.	Oléine. — Stéarine. — Margarine. Cholestérine. — Matière grasse phosphorée. Oléates, stéarates, margarates de KO et de NaO.	Produits dérivés des matières grasses : Acides acétique, butyrique, formique, valérique, combinés avec KO et NaO.
Matières amyloïdes.	Dextrine. Glucose.	Inosite. — Acide lactique combiné avec KO et NaO.
Matières albuminoïdes.	Albuminose (peptone). Albumine. — Fibrine. Caséine.	Urée. — Acide urique combiné avec NaO. Xanthine. — Créatine. — Créatinine.

PROPRIÉTÉS..

- **COLORATION** — La couleur rouge du sang, chez les Vertébrés, est due aux globules rouges. Le Plasma est incolore et transparent. *La différence de couleur du sang artériel et du sang veineux* provient de la combinaison de l'oxygène avec l'hémoglobine dans le sang artériel, et de la réduction de cette substance dans le sang veineux.
- **COAGULABILITÉ.** — Abandonné à lui-même, le sang se coagule, c'est-à-dire se sépare en deux parties : une partie liquide, jaunâtre, renfermant les éléments en dissolution dans le plasma, moins la fibrine (c'est le *sérum*); et une partie solide, composée de fibrine solidifiée, retenant les globules dans ses mailles (c'est le *caillot*).

RÔLE ....

- **EXCITATION VITALE.** — Par son contact avec les parties vivantes, le sang produit une excitation, nécessaire au fonctionnement des organes (Syncope provenant d'une hémorragie.)
- **NUTRITION**
  - *Assimilation* — Le sang apporte les matériaux nutritifs dans toutes les parties du corps pour la *rénovation des tissus.*
  - *Désassimilation.* — Il transporte les matériaux de déchet des tissus, destinés à être *éliminés* par les reins, les poumons, la peau, etc.
- **COMBUSTION RESPIRATOIRE.** — L'oxygène, introduit dans les poumons par l'acte de l'inspiration, se fixe sur l'hémoglobine des globules pour former l'*oxyhémoglobine*, et est ainsi transporté par le sang, pour servir à la combustion respiratoire, phénomène qui a lieu dans les capillaires.

CŒUR.

DIVISION .....
- Cœur droit.
  - Oreillette droite. { Orifice auriculo-ventriculaire (valvule tricuspide). / Orifices des veines caves supérieure et inférieure.
  - Ventricule droit. { Orifice auriculo-ventriculaire. / Orifice de l'artère pulmonaire (valvule sigmoïde).
- Cœur gauche.
  - Oreillette gauche. { Orifice auriculo-ventriculaire (valvule mitrale). / Orifices (quatre) pour les quatre veines pulmonaires.
  - Ventricule gauche. { Orifice auriculo-ventriculaire. / Orifice de l'artère aorte (valvule sigmoïde).

STRUCTURE..
- Enveloppe. *Péricarde,* formé d'un sac fibreux extérieur et d'un sac séreux interne.
- Zones fibreuses. { Deux zones auriculo-ventriculaires, entourant les orifices de même nom. / Deux zones artérielles, circonscrivant les orifices des artères aorte et pulmonaire.
- Fibres muscul.-striées. Chaque chambre est formée d'un *sac musculeux :* de plus les sacs musculeux des chambres de même nom sont contenus dans un troisième sac musculeux qui leur est commun.
- Endocarde. Membrane tapissant intérieurement les cavités du cœur.

ARTÈRES.

TRAJET....... Les artères *naissent de l'artère aorte* et se *terminent dans les réseaux capillaires* qui font partie de l'intimité des tissus. / Elles transportent le sang artériel du cœur aux diverses parties du corps.

STRUCTURE..
- Tunique externe. Fibres lamineuses entre-croisées (tissu extensible et résistant).
- Tunique moyenne. { Fibres circulaires de tissu jaune élastique (tissu élastique et fragile). / Fibres circulaires de tissu musculaire lisse.
- Tunique interne. Substance homogène, mince et fragile, tapissée d'un épithélium.

PRINCIPALES ARTÈRES ...
- Artère pulmonaire. *Très courte,* naît du *ventricule droit* et se divise en deux branches qui se ramifient sur les parois des vésicules pulmonaires. Elle porte le sang veineux du cœur aux poumons.
- Artère aorte. Elle naît du *ventricule gauche* et charrie le sang artériel.
  - *Crosse de l'aorte*..... { A. carotides, sous-clavières, humérales, radiales, cubitales.
  - *Aorte thoracique*..... A. intercostales.
  - *Aorte abdominale*... { Tronc cœliaque (A. stomachique, hépatique, splénique). / A. rénales, mésentériques.
  - *Branches terminales*. A. iliaques, fémorales, tibiales, péronières, pédieuses.

CAPILLAIRES. Ils font communiquer les *artérioles* (dernières ramifications des artères) avec les *veinules* (dernières ramifications des veines); ils font partie de la trame intime des tissus où ils forment des réseaux à mailles très fines. / Ils n'ont qu'*une seule tunique* diaphane et perméable, qui correspond à la tunique interne des artères.

VEINES.

TRAJET....... Elles naissent du réseau capillaire et se terminent toutes dans les deux veines caves (à l'exception des veines pulmonaires). / Plus grosses et plus nombreuses que les artères, les suivent, excepté les veines sous-cutanées. / Anastomoses des veines fréquentes.

STRUCTURE..
- Tunique externe .. { Fibres celluleuses, musculaires et élastiques, disposées circulairement.
- Tunique moyenne. Fibres longitudinales.
- Tunique interne... Très mince, formée d'une substance homogène, munie de valvules.

PRINCIPALES VEINES ....
- Veines pulmonaires. { Elles partent des capillaires pulmonaires et se jettent dans l'oreillette gauche du cœur par quatre troncs distincts.
- Veine cave supérieure. { Jugulaires, sous-clavières, humérales, radiales, cubitales. / Veine azygos, reliant la veine cave supérieure à la veine cave inférieure.
- Veine cave inférieure.
  - Système de la veine-porte.
    - Racines.
      - *Veines mésentériques* (partent de l'intestin grêle et du gros intestin).
      - *Veine splénique* (amène le sang de la rate et reçoit en route le sang de l'estomac et du pancréas).
    - Tronc.... *Gros vaisseau* résultant de l'union des trois veines sus-indiquées.
    - Branches. *Ramifications du tronc de la veine-porte,* entourant les lobules hépatiques, et sortant du foie par les veines sus-hépatiques, qui elles-mêmes se jettent dans la veine cave inférieure.
  - Veines rénales.
  - Veines iliaques.

TRAJET DU SANG.

PETITE CIRCULATION...
- Les *veines caves* amènent le sang veineux dans l'oreillette droite.
- L'*oreillette droite*, se contractant, déverse le sang dans le ventricule droit.
- Le *ventricule droit* se contracte et lance le sang dans l'*artère pulmonaire* (action des valvules).
- Le sang traverse le *réseau capillaire des poumons* où il s'artérialise.
- Les *veines pulmonaires* ramènent le sang du poumon dans l'*oreillette gauche.*

GRANDE CIRCULATION.
- L'*oreillette gauche*, se contractant, déverse le sang dans le ventricule gauche.
- Le *ventricule gauche* se contracte et lance le sang dans l'*artère aorte* (action des valvules) et dans le *système artériel général.*
- Le sang, par les artères, arrive dans tous les *capillaires* du corps.
- Des capillaires, il passe dans les *veines* qui toutes aboutissent aux veines caves.

CAUSES DU MOUVEMENT DU SANG.

MOUVEMENT DANS LE CŒUR...
- L'impulsion est donnée au sang par les contractions et les dilatations du cœur.
- Les contractions des deux oreillettes se font en même temps (*systole auriculaire*); il en est de même pour les contractions des deux ventricules (*systole ventriculaire*).
- La systole ventriculaire succède à la systole auriculaire, et chaque mouvement de systole est suivi d'un mouvement de diastole.

MOUVEMENT DANS LES ARTÈRES...
- Le mouvement est continu, mais son énergie augmente à des intervalles périodiques, correspondant à la systole ventriculaire.
- Action de la *systole ventriculaire* (pouls).
- Action de l'*élasticité des parois artérielles.*
- Action de la *fermeture des valvules sigmoïdes.*

MOUVEMENT DANS LES CAPILLAIRES...
- Le mouvement est *lent* et *uniforme.*
- Aux causes de mouvement précédemment énumérées, s'ajoute la *contractilité des parois des capillaires.*

MOUVEMENT DANS LES VEINES...
- Le mouvement est *uniforme*, mais plus rapide que dans les capillaires.
- Aux causes de mouvement précédemment énumérées, il faut ajouter l'action des *contractions musculaires* qui compriment les veines et l'action de l'*inspiration* (premier temps de la respiration), qui, dilatant les poumons et les capillaires pulmonaires, fait un appel du sang des veines dans ces capillaires.
- Les *valvules des veines* s'opposent au retour en arrière du sang dans les veines.

LYMPHE	**ORIGINE ET BUT**	Liquide provenant de certains matériaux de l'organisme, élaboré par le système lymphatique, surtout les ganglions, et destiné à être déversé dans le sang veineux.
	PROPRIÉTÉS PHYSIQUES.	Liquide incolore (*plasma*), contenant en suspension des *globules*. **Coagulation** : *sérum* liquide, *caillot* formé de fibrine retenant les globules.
	COMPOSITION CHIMIQUE.	Eau. — Sels (NaCl, KCl, sulfates, carbonates et phosphates alcalins). Matières grasses. — Matière sucrée. Fibrine. — Albumine. — Urée.

SYSTÈME LYMPHATIQUE.

VAISSEAUX LYMPHATIQUES	Origine	Ils naissent dans la peau, les muqueuses, le tissu cellulaire, le tissu musculaire, le tissu fibreux, les os, les glandes, où ils forment des *réseaux* qui sont en *connexion intime avec les capillaires sanguins*. Ceux qui naissent de l'intestin grêle prennent le nom de *chylifères* (ils charrient le chyle pendant la digestion intestinale).
	Trajet	Ils marchent en ligne droite, traversent plusieurs ganglions, où ils s'*anastomosent* largement entre eux, et se terminent, les uns, dans le canal thoracique, les autres, dans la grande veine lymphatique.
	Structure	*Tunique celluleuse.* *Tunique fibreuse* (contractile). *Tunique muqueuse* à épithélium présentant de nombreuses valvules.
GANGLIONS LYMPHATIQUES	Situation	Ils se trouvent *sur le parcours des vaisseaux lymphatiques*, aux membres (partie supérieure), au cou, à l'abdomen, à la poitrine, à la racine du poumon.
	Structure	Membrane d'*enveloppe*. Nombreuses *ramifications de vaisseaux lymphatiques* anastomosés et entourant des *vésicules closes*.
	Fonction	Ils élaborent la lymphe et produisent les globules blancs ou leucocytes.
TRONCS LYMPHATIQUES.	Canal thoracique.	Tronc où aboutissent les vaisseaux lymphatiques de la partie inférieure du corps et de la moitié gauche de la partie supérieure (poitrine, tête, cou, membre supérieur gauche). Il se jette dans la *veine sous-clavière gauche*.
	Grande veine lymphatique.	Tronc *très court* où aboutissent les vaisseaux lymphatiques de la moitié droite de la partie supérieure du corps. Il se jette dans la *veine sous-clavière droite*.

MÉCANISME DE LA CIRCULATION.

TRAJET DE LA LYMPHE.	Réseaux originels des capillaires lymphatiques. Vaisseaux lymphatiques. — Ganglions lymphatiques. Troncs lymphatiques (canal thoracique ou grande veine lymphatique). Veines sous-clavières. — Veine cave supérieure. Les vaisseaux chylifères amènent le chyle dans le canal thoracique.
CAUSES DE LA CIRCULATION.	Contractilité de la tunique fibreuse. Contraction musculaire. Respiration. Action des valvules, empêchant le retour du liquide.

VOIES RESPIRATOIRES.

FOSSES NASALES..
- Communiquent, en avant, avec les narines; en arrière, avec le pharynx.
- Séparées de la cavité buccale par voûte palatine et voile du palais.

PHARYNX ....
- Communique avec cavité buccale, fosses nasales, œsophage et larynx.

LARYNX. ....
- Surmonté d'une soupape (*épiglotte*) ordinairement levée.
- Se continue avec la trachée-artère. *Voir Phonation.*

TRACHÉE-ARTÈRE.
- *Anneaux cartilagineux*, interrompus en arrière : le vide laissé est comblé par tissu fibreux. Ces anneaux maintiennent le canal de la trachée toujours béant (tandis que les parois de l'œsophage s'affaissent sur elles-mêmes).
- *Anneaux fibreux élastiques*, reliant les anneaux cartilagineux.
- *Faisceaux fibreux* longitudinaux, tapissant les deux espèces d'anneaux.
- *Muqueuse*, à épithélium vibratile, et renfermant des glandules.

BRONCHES ....

Forme .....
- *Bronche droite*, subdivisée en trois branches.
- *Bronche gauche*, subdivisée en deux branches.
- Chaque branche se subdivise *dichotomiquement* en de nombreux ramuscules, qui aboutissent aux lobules pulmonaires.

Structure ..
- Structure identique à celle de la trachée-artère.
- Quand les rameaux bronchiques n'ont plus que 1ᵐᵐ de diamètre, le cartilage disparaît; puis le tissu fibreux disparaît; et enfin, quand le ramuscule bronchique arrive dans le lobule, il est presque réduit à la muqueuse.

ORGANE ESSENTIEL (POUMONS).

SITUATION ....
- Dans le thorax, entre la colonne vertébrale et le sternum, de chaque côté du cœur.

FORME ....
- *Poumon droit* à trois lobes : il est plus large et plus volumineux, mais plus court.
- *Poumon gauche* à deux lobes : il est moins volumineux, mais plus allongé.

STRUCTURE. ....

Enveloppe ...
- *Plèvres* : membranes séreuses, enveloppant chaque poumon.

Lobules pulmonaires .
- *Membrane fibreuse* élastique.
- *Tissu cellulaire* renfermant capillaires sanguins.
- *Muqueuse* à épithélium pavimenteux simple.

Tissu cellulaire interlobulaire.

Vaisseaux ...
- Vaisseaux de *nutrition* : Artère et veine bronchiques.
- Vaisseaux d'*hématose* : Artère et veine pulmonaires.

Nerfs ....
- Pneumo-gastrique et grand sympathique : ils innervent aussi les bronches.

APPAREIL MOTEUR DES POUMONS.

THORAX ....
- *Vertèbres dorsales*, articulées avec les côtes.
- *Côtes*, reliées au sternum par *cartilages costaux*.
- *Muscles intercostaux*, insérés sur les côtes et comblant les intervalles qu'elles laissent.
- *Sternum* : os plat, recevant les cartilages costaux; situé en avant.

Diaphragme.
- Muscle, en forme de cloison fortement bombée en haut, séparant la cavité thoracique de la cavité abdominale.

MUSCLES DE LA RESPIRATION.

Muscles inspirateurs.
- *Inspiration ordinaire.* — Diaphragme, Scalènes, Intercostaux.
- *Inspiration forcée.* — En plus des précédents : Sterno-cleido-mastoïdien, Trapèze, Grand dentelé, Petit dentelé, Extenseurs du rachis, etc.

Muscles expirateurs.
- *Expiration ordinaire.* — Aucun muscle n'agit. L'élasticité des poumons suffit.
- *Expiration forcée.* — Muscles abdominaux. Triangulaire du sternum, etc.

1° ANALYSE DES PHÉNOMÈNES RESPIRATOIRES.

PHÉNOMÈNES MÉCANIQUES.

INSPIRATION.

- **Dilatation de la cavité thoracique** ...... :
  - Élévation des *côtes*.
  - Élévation du *sternum* en haut et en avant.
  - Abaissement du *diaphragme* qui refoule les viscères abdominaux.

- **Dilatation des lobules pulmonaires....** :
  - En vertu de leur élasticité, les lobules qui *se moulent* sur les parois du thorax, suivent celui-ci dans sa dilatation.
  - Cette action est favorisée par le vide produit dans le thorax par sa dilatation.

- **Entrée de l'air extérieur dans les poumons..** :
  - L'air intérieur des lobules, se dilatant, a une *pression inférieure*. L'air extérieur pénètre dans les lobules pour rétablir l'équilibre.
  - Analogie avec *soufflet*.

EXPIRATION.

- **Contraction de la cavité thoracique....** :
  - *Cessation* des contractions musculaires qui avaient provoqué la dilatation de la poitrine.
  - Dans l'expiration *forcée*, action de quelques muscles.

- **Contraction des lobules** ...... :
  - Produite par l'élasticité des lobules pulmonaires qui *reviennent sur eux-mêmes* et du tissu interlobulaire.

- **Sortie des gaz des poumons.** :
  - Causée par la *compression* des lobules pulmonaires.

PHÉNOMÈNES PHYSICO-CHIMIQUES.

ÉCHANGE DE GAZ.

- **Absorption.....** :
  - L'*oxygène* de l'air, introduit dans les lobules par inspiration, est absorbé (*endosmose*) par la muqueuse pulmonaire.

- **Élimination....** :
  - Expulsion d'*acide carbonique* et de *vapeur d'eau*, ainsi que de très peu d'azote et de traces de matières organiques de désassimilation.

MODIFICATIONS DU SANG (HÉMATOSE)........

- **Couleur........** :
  - De *rouge brun* qu'il était dans l'artère pulmonaire avant l'échange des gaz, le sang devient *rouge vermillon*.
  - Cette couleur est due à l'*oxyhémoglobine* qui s'est formée.

- **Composition ...** :
  - Le sang, après l'hématose, est *plus riche en oxygène*, et plus pauvre en acide carbonique et en eau.

- **Coagulabilité ..** :
  - Le sang hématosé ou artériel est plus coagulable que le sang veineux.

2° SYNTHÈSE DES PHÉNOMÈNES RESPIRATOIRES.

1° **Entrée de l'air** dans les poumons (*inspiration*).

2° **Absorption**, par la muqueuse pulmonaire, de l'oxygène de l'air inspiré (*endosmose*).

3° **Fixation de l'oxygène** absorbé, par l'hémoglobine des globules, pour former une combinaison *peu stable*, appelée *oxyhémoglobine*.

4° **Transport de l'oxyhémoglobine** par le courant sanguin dans les artères et les capillaires.

5° **Combustion respiratoire** accomplie dans les *capillaires* : c'est l'action de l'oxygène de l'oxyhémoglobine sur les matériaux combustibles fournis par l'alimentation (*graisse, glucose*, à leur défaut *albuminose*) et par les *substances usées* des organes ; il y a dégagement de CO_2 et de HO, avec production de chaleur. Le résultat de la combustion respiratoire est le changement du sang artériel en sang veineux.

6° **Transport de CO_2 et HO**, produits par la combustion, dans les veines, et de là, par le cœur et l'artère pulmonaire, dans le réseau capillaire du poumon.

7° **Exhalation de ces gaz** à travers la paroi des lobules pulmonaires (*exosmose*), phénomène qui, concurremment avec l'absorption de l'oxygène, produit l'artérialisation du sang veineux (*hématose*).

8° **Expulsion de ces gaz** (CO_2 et HO) en dehors des poumons (*expiration*).

3

ÉPURATION DU SANG.

CAUSE......... L'*échange des gaz* qui a lieu à travers la muqueuse pulmonaire et qui produit l'hématose ou *artérialisation du sang*, est une des causes qui épurent le sang.
Les *excrétions* intestinale, rénale et cutanée (expulsion des produits de désassimilation) concourent aussi à cette purification.

BUT............ Cette épuration, qui s'accomplit dans les capillaires pulmonaires, est rendue nécessaire par la combustion respiratoire : elle a pour but de rendre de nouveau le sang *apte à remplir ses fonctions*.
Asphyxie. — Mal de montagne.

PRODUCTION DE LA CHALEUR ANIMALE.

SOURCE........ Combustions organiques, accomplies dans l'intimité des tissus, par l'*oxygène* que la respiration a introduit dans le sang.

VARIATION....

- Causes inhérentes à l'animal...........
  - *Espèce animale.* { Animaux à sang chaud. / Animaux à sang froid.
  - *Volume de l'animal.*

- Causes physiologiques ....
  - *Période digestive.*
  - *Alimentation.* { *Quantité* des aliments. / *Nature* des aliments.
  - *Activité.......* { Activité musculaire { avec travail produit. / sans travail produit. } / Activité d'un organe quelconque.
  - *Sommeil.......* | Hibernation.

- Causes pathologiques.

- Causes extérieures... | Conditions thermiques.

CAUSES MAINTENANT LA CONSTANCE DE LA CHALEUR ANIMALE CHEZ LES ANIMAUX A SANG CHAUD.

- Causes s'opposant au refroidissement....
  - Augmentation de l'absorption de l'oxygène *devenu plus dense*, et par suite de l'intensité des phénomènes respiratoires.
  - Vêtements et abri.
  - Alimentation : Quantité et nature.
  - Activité corporelle.

- Causes modérant la chaleur............
  - Diminution de l'absorption de l'oxygène, *devenu moins dense* par l'élévation de la température.
  - Vêtements et Abri.
  - Évaporation cutanée et pulmonaire.
  - Ingestion des boissons.

BUT............

- Fonctionnement des organes............ La chaleur animale est nécessaire pour les *fonctions vitales* et en particulier pour les réactions chimiques de l'organisme.

- Transformation en mouvement.... La chaleur animale, *se transformant en mouvement*, est le principe du travail mécanique qu'accomplissent les organes en général, et les muscles en particulier.

NATURE DE L'ASSIMILATION. { Organisation *en matière vivante*, dans les tissus, des aliments absorbés et entraînés dans le plasma du sang.

FAITS POUVANT ÉCLAIRER LE MÉCANISME DE L'ASSIMILATION.

- **MATIÈRES INGÉRÉES.** (*Voir Aliments.*)
- **MATIÈRES ÉLIMINÉES.** (*Voir Excrétions.*)
- **MATIÈRES UTILISÉES..** { Les produits utilisés ne sont autre chose que les tissus même de l'animal, qui proviennent évidemment des matériaux assimilés. *Voir Tissus.*

MÉCANISME DE L'ASSIMILATION.

ROLE DES ALIMENTS.. { Aliments minéraux..... / Aliments gras. .... / Aliments amyloïdes..... / Aliments albuminoïdes. } (*Voir Aliments.*)

NUTRITION DES ORGANES.

Acte intime de l'assimilation. { Les matériaux du *plasma sanguin* qui doivent régénérer les tissus, s'échappent, par osmose, des capillaires sanguins et se fixent dans les organes, en *se transformant* en tissu épithélial, osseux, musculaire, nerveux, etc.

Modes divers de nutrition.
{ 1° Le gain surpasse la perte : il y a *croissance* ou *engraissement*.

2° Le gain égale la perte : il y a *conservation d'état*.

3° Le gain est inférieur à la perte : il y a *amaigrissement* ou *atrophie* des organes.

Causes qui influent sur la nutrition.......... { Choix des aliments. / État du système nerveux. / État pathologique.

SÉCRÉTION EN GÉNÉRAL.

DÉFINITION.. { Formation, *aux dépens du sang*, de certains liquides, destinés à être résorbés ou du moins à *servir* à un usage spécial.

APPAREILS DE LA SÉCRÉTION (GLANDES).

Structure.. {
- Cavité close, tapissée par une couche de *cellules épithéliales*.
- Ces cellules sont recouvertes par une *membrane amorphe*, sur laquelle viennent ramper vaisseaux et *nerfs*.
- Canal excréteur.

Variétés.... {
- Glandes simples. { Follicule. / Tube.
- Glandes composées. { Composée de follicules (*gl. en grappe*). / Composée de tubes.

MÉCANISME DE LA SÉCRÉTION.
- Action des nerfs.
- Action des vaisseaux (artères).
- Action des cellules épithéliales sécrétrices (*Élaboration des matières sécrétées*).
- Action de la cavité glandulaire.
- Action du canal excréteur.

SÉCRÉTIONS EN PARTICULIER.

SÉCRÉTION DES SUCS DIGESTIFS.
- S. salivaire............
- S. du suc gastrique.....
- S. biliaire.............. } *Voir Digestion.*
- S. du suc pancréatique.
- S. du suc intestinal.....

SÉCRÉTION LACRYMALE.

Appareil lacrymal. {
- Glande lacrymale (en grappe), à l'angle externe de l'œil.
- Points lacrymaux.
- Conduits lacrymaux.
- Canal nasal.

Larmes..... {
- Composition. { Eau. — Chlorure de sodium. / Albumine.
- Fonction .... { Déversées sur l'œil, elles l'humectent et parcourent tout le trajet lacrymal.

SÉCRÉTION SÉBACÉE.

Glandes sébacées. { Glandes en grappes, logées dans le derme cutané et débouchant à la surface de la peau.

Matière sébacée. {
- Composition. { Substance *huileuse* blanc-jaunâtre. / Eau.— Graisse (margarine, oléine). / Caséine, albumine. — CaO, PhO⁵.
- Fonction..... { 1° *Assouplit* la peau et les poils. / 2° Rend l'épiderme *imperméable*. / 3° Le *protège* contre l'action de la sueur.

SÉCRÉTION MUQUEUSE.

Membranes muqueuses. {
- Membranes tapissant toutes les *cavités du corps*.
- Derme mou et spongieux.
- Épithélium sans couche cornée. — *Follicules sécréteurs*.

Mucus...... {
- Composition. { Eau. — NaCl. / Matière organique propre. / Il varie suivant son origine. / Souvent débris d'épithélium et globules du pus.
- Fonction .... { Protège et assouplit les membranes.

SÉCRÉTION SÉREUSE.

Membranes séreuses. {
- Sacs sans ouverture, à *deux feuillets contigus*, tapissés intérieurement de cellules épithéliales.
- Ces membranes entourent les principaux organes.
- *Arachnoïde. — Plèvre. — Péricarde. — Péritoine. — Membranes synoviales.*

Sérosités... {
- Composition. { Peu abondante : suinte de tous les points de la membrane. / Eau. — NaCl. — Phosphates alcalins. / Albumine. — Sérine.
- Fonction..... { Favorise le glissement des organes.

EXCRÉTION EN GÉNÉRAL.

DÉFINITION... Fonction ayant pour but de *débarrasser* l'organisme de produits devenus *inutiles* ou *nuisibles*.

APPAREILS D'EXCRÉTION. Seules, les excrétions rénale et cutanée se font par des *glandes* analogues aux glandes de la sécrétion.

MÉCANISME DE L'EXCRÉTION. Les matériaux d'excrétion *préexistant tout formés* dans l'organisme, les organes excréteurs n'ont qu'à s'emparer de ces principes pour les expulser au dehors. Le mécanisme des excrétions rénale et cutanée est d'ailleurs analogue à celui de la sécrétion proprement dite.

EXCRÉTIONS EN PARTICULIER.

EXCRÉTION PULMONAIRE.

Appareil excréteur. *Muqueuse pulmonaire*, tapissée extérieurement par réseau de capillaires sanguins reliant les ramifications de l'artère pulmonaire à celles de la veine pulmonaire. Cette muqueuse laisse passer, par endosmose, les produits destinés à être éliminés. *Voir Appareil respiratoire.*

Matériaux excrétés. *Produits de la respiration* : CO_2 et HO. Huiles essentielles et divers autres *principes volatils* provenant de certaines substances absorbées.

EXCRÉTION CUTANÉE.

Glandes sudoripares. Tubes en cul-de-sac, *pelotonnés sur eux-mêmes*, recouverts de capillaires sanguins, et logés dans le derme. Canaux excréteurs, *longs et flexueux*, se terminant à la surface cutanée par orifices (*pores*).

Matériaux excrétés.

Transpiration insensible. Se fait *continuellement*. Produits purement gazeux CO_2, HO.

Transpiration sensible (sueur). Exige, pour se produire, *certaines conditions*. Eau. — NaCl. — Sels alcalins. Acide lactique. — Urée.

But de l'excrétion cutanée. Épuration du sang. Maintien de la température du corps. *L'évaporation* de la sueur est une cause de refroidissement.

EXCRÉTION INTESTINALE.

Appareil excréteur. Le résidu digestif est expulsé par la contraction des muscles du *rectum* (*mouvements péristaltiques*), des muscles des *parois abdominales*, ainsi que par la contraction du *diaphragme*.

Matériaux excrétés.

Composition.. Aliments non digérés, imprégnés de *sucs digestifs*, le tout en état de décomposition plus ou moins avancée. La *coloration* est due à la bile. Gaz : H, air, CO_2, HS, C_2H_4.

Accumulation. Les excréments s'accumulent dans *l'S iliaque* et dans le *rectum*. Action du *sphincter* anal.

EXCRÉTION EN PARTICULIER : EXCRÉTION URINAIRE.

APPAREIL URINAIRE.

Rein —
- Membrane fibreuse d'*enveloppe*, émettant prolongements à l'intérieur.
- *Artère* rénale et l'*eine* rénale se ramifient dans le rein.
- Leurs dernières ramifications communiquent entre elles par *capillaires pelotonnés* sur eux-mêmes (*glomérules de Malpighi*) et renfermés dans des capsules propres.
- De ces capsules partent *canalicules urinifères*, d'abord flexueux, puis droits et parallèles et se réunissant alors en plusieurs faisceaux *pyramidaux*.
- Les sommets de ces pyramides débouchent dans *calices*.
- Ces calices eux-mêmes s'ouvrent dans le *bassinet*.

Uretères — Conduits excréteurs, formés par tuniques fibreuse, musculeuse et muqueuse.

Vessie — *Réservoir*. Tuniques séreuse (*péritoine*), musculeuse (sphincter au col), muqueuse.

Urèthre — Canal expulseur : il part du col de la vessie.

URINE

Composition —
- Eau.
- **Matières inorganiques.** { CO^2—Az / Chlorures, phosphates et sulfates alcalins — $AzH3$ et Fe (traces).
- **Matières organiques non azotées.** { Acides oxalique et lactique. / Glucose. / Acides gras volatils (traces).
- **Matières organiques azotées.** { Urée. — Acide urique. — (Acide hippurique.) / Créatine. — Créatinine. — Xanthine. / Urobiline (matière colorante.)

Décomposition spontanée. —
- **1° Fermentation acide.** { Couleur se fonce. / Pellicule superficielle se forme. / Dépôt d'acide urique, d'urates, d'oxalates de CaO.
- **2° Fermentation ammoniacale.** { Couleur devient plus pâle $C^2H^4Az^2O^2 + 4HO = 2(AzH3,HO,CO^2)$: réaction provoquée par *Micrococcus ureæ.* / Dépôt de phosphates et oxalates terreux, de phosphate ammoniaco-magnésien et d'urate de $AzH3$.

But de l'urine. —
- L'urine débarrasse le sang de certains *matériaux en excès* (eau, sels, matières azotées) et de certains *produits de la combustion organique* (urée, acide urique, créatine).
- Beaucoup de substances ingérées sont rejetées par les urines.

MÉCANISME DE L'EXCRÉTION URINAIRE.

Fonction de l'artère rénale. — L'artère rénale *amène* dans les glomérules, le sang, dans lequel existent *tout formés* les principes de l'urine (eau, sels, urée, acide urique, créatine, etc.).

Fonction des glomérules. — Ces principes *passent à travers* la paroi des capillaires, et s'accumulent sans cesse dans les capsules des glomérules.

Fonction des tubes urinifères. — L'urine passe des capsules dans les canalicules urinifères. Ces canalicules, recouverts extérieurement par les veinules qui ramènent le sang des glomérules aux veines rénales, servent aussi de *filtres*, pour les matériaux de l'urine, contenus dans le sang de ces veinules.

Fonction des calices, du bassinet et de l'uretère. — L'urine passe des tubes urinifères dans les calices, des calices dans le bassinet et du bassinet dans l'uretère correspondant : des uretères, elle tombe *continuellement*, goutte à goutte, dans la vessie.

Fonction de la vessie. — *Réservoir* où s'accumule l'urine et où elle séjourne jusqu'à son expulsion par le canal de l'urèthre.

OS EN GÉNÉRAL....

FORME EXTÉRIEURE.
- Parties..
  - *Périoste :* membrane fibro-vasculaire.
  - *Corps* de l'os (éminences, apophyses, crètes).
  - *Cavité médullaire*, remplie par la moelle (dans les os longs).
- Variétés.
  - Os longs.
  - Os plats.
  - Os courts.

STRUCTURE............
- Tissu conjonctif, à substance intercellulaire abondante et imprégnée de sels calcaires.
- Cellules (*corpuscules osseux* ou *ostéoplastes*) s'anastomosant entre elles par prolongements (*canalicules osseux*).
- *Canaux de Havers*, renfermant vaisseaux nourriciers et communiquant avec les canalicules.

COMPOSITION.........
- Matière organique : *Osséine* (se transforme en gélatine par l'eau bouillante)
- Matières minérales. $(CaO)^3$, PhO^5. — $(MgO)^3$, PhO^5. CaO, CO^2. — $CaCl$. — $CaFl$. — $NaCl$. — HO.

DÉVELOPPEMENT.....
- 1° État muqueux : Les os ne se distinguent pas des tissus ambiants.
- 2° État cartilagineux. *Voir tissu cartilagineux.*
- 3° État osseux.
  - La substance calcaire s'étend progressivement par les *points d'ossification.*
  - Chaque os, jusqu'à l'ossification, a plusieurs pièces distinctes.

OS EN PARTICULIER (SQUELETTE).

TÊTE......
- Crâne.......
  - Frontal. — Temporaux. (*Partie écailleuse.* — *Rocher.* — *Apophyse mastoïde.* — *Apophyse zygomatique.* — *Cavité glénoïde*).
  - Pariétaux. — Occipital. (*Trou de l'occipital.* — *Condyles*),
  - Ethmoïde (os criblé). — Sphénoïde.
- Face.......
  - Malaire : Unguis. Os nasal. Cornet inférieur. Palatin. Maxillaire supérieur.
  - Vomer. Os nasal. Unguis. Cornet inférieur. Palatin. Maxillaire supérieur. Malaire.
  - Maxillaire inférieur.

TRONC.....
- Colonne vertébrale.
  - Vertèbres en général.
    - Corps de la vertèbre.
    - Trou médullaire. — Trous de conjugaison.
    - Apophyses (1 *épineuse*, 2 *transverses*, 4 *articulaires*).
  - Vertèbres en particulier.
    - Cervicales : 7 (*Atlas, axis*).
    - Dorsales : 12.
    - Lombaires : 5.
    - Sacrées : 5 soudées, forment le *sacrum*.
    - Coccygiennes : 4 soudées, forment le *coccyx*.
- Côtes. ......
  - Arcs aplatis, reliés aux vertèbres et au sternum (*cartilages costaux*).
  - Vraies : 7 paires. — Fausses : 5 paires.
- Sternum ... Os plat, relié aux côtes et aux clavicules.

MEMBRES.
- Membre supérieur.
  - Épaule ......
    - Omoplate.
    - Clavicule : relie l'omoplate au sternum.
  - Bras......... Humérus.
  - Avant-bras.. Cubitus. — Radius.
  - Main........
    - Carpe : huit petits os sur deux rangs (*poignet*).
    - Métacarpe : cinq os.
    - Doigts : Chaque doigt comprend trois os, excepté le pouce.
- Membre inférieur.
  - Hanche ..... Os iliaque (*cavité cotyloïde*).
  - Cuisse....... Fémur (tête, col, trochanters).
  - Jambe....... Tibia (*malléole externe*). — Péroné (*malléole interne*).
  - Pied........
    - Tarse : sept os sur deux rangs (*astragale, calcanéum*).
    - Métatarse : cinq os.
    - Orteils : Chaque orteil comprend trois os, excepté le gros orteil.

STRUCTURE...

MUSCLES STRIÉS.........
- Chaque muscle se compose de *faisceaux parallèles de fibres.*
- Chaque fibre se compose de *fibrilles* accolées; chaque fibrille se compose de petits *disques* superposés.
- Le muscle est entouré d'une gaine fibreuse (*aponévrose d'enveloppe*).
- Les nerfs moteurs se terminent aux muscles sous forme de *plaques.*
- Ces muscles sont préposés au mouvement volontaire (exception : cœur).

MUSCLES LISSES..........
- Le tissu musculaire lisse se compose de fibres *fusiformes, aplaties,* privées de stries et réunies entre elles de manière à former des *membranes.*
- Ce sont les muscles du mouvement involontaire.
- Leurs contractions sont lentes et se font inconsciemment.

COMPOSITION CHIMIQUE.

PRINCIPES MINÉRAUX...
- Eau.
- Acides : Ac. carbonique, chlorhydrique.
- Sels : KCl. — Phosphates de CaO, MgO, KO, FeO.

PRINCIPES ORGANIQUES TERNAIRES ....
- Graisses. — Inosite. — Acide lactique.
- Glucose. — Dextrine. — Amidon.

PRINCIPES ORGANIQUES QUATERNAIRES..........
- Albuminoïdes. { Myosine. / Albumine.
- Autres .... { Créatine. — Créatinine. — Xanthine. / Urée. — Acide urique. — Acide inosique.

RELATION DES MUSCLES.
- Les muscles sont séparés des organes environnants (peau, os, autres muscles) par *gaines fibreuses* (aponévroses d'enveloppe).
- Ils s'insèrent, par leurs extrémités, aux os qu'ils font mouvoir, par le moyen de *tendons* (aponévroses d'insertion).

PROPRIÉTÉ DES MUSCLES (CONTRACTION MUSCULAIRE).

CAUSES DE LA CONTRACTION.
- Causes expérimentales. { Excitations mécaniques, physiques, chimiques.
- Causes physiologiques. { Contractions volontaires { dues à l'innervation. / Contractions réflexes...

PHÉNOMÈNES ANATOMIQUES.
- Raccourcissement du muscle.
- Gonflement.

PHÉNOMÈNES CHIMIQUES.
- Le muscle, en se contractant, consomme de l'oxygène et des substances non azotées, que lui apporte le sang (matière glycogène, graisse, sucres), et produit, *en brûlant ces substances,* chaleur et travail mécanique. Il consomme aussi probablement une certaine quantité de substances albuminoïdes.
- Le muscle, en se contractant, de neutre devient *acide* et produit de l'acide lactique, de l'acide carbonique et peut-être un peu d'urée, de créatine, de sucre et de phosphates.
- La *fatigue musculaire* provient de l'accumulation dans les muscles de ces matériaux de désassimilation.

PHÉNOMÈNES THERMIQUES.
- Les phénomènes chimiques développent de la *chaleur* dans le muscle qui se contracte.
- Quand un muscle, en se contractant, produit un *travail mécanique,* ce travail mécanique n'est qu'une transformation de la chaleur développée dans le muscle; et par suite le muscle a moins de chaleur sensible que s'il se contractait sans produire d'effet mécanique.

SUTURE.......
- **DÉFINITION**................... Articulation dans laquelle les os sont simplement *juxtaposés* ou *s'engrènent* réciproquement l'un dans l'autre. Absence de ligaments.
- **MOUVEMENT**................... Le mouvement des os ainsi unis est *impossible.*
- **PRINCIPALES SUTURES**....... Os du crâne. Os de la face (excepté l'articulation temporo-maxillaire).

SYMPHYSE.....
- **DÉFINITION**................... Articulation dans laquelle les os sont réunis par des surfaces planes ou à peu près planes, *par l'intermédiaire de ligaments.*
- **MOUVEMENT**................... Mouvements très limités : en revanche grande solidité.
- **PRINCIPALES SYMPHYSES**... Articulation des Vertèbres entre elles. Articulation du Sacrum avec les os iliaques. Articulation des os iliaques entre eux.

DIARTHROSE...
- **DÉFINITION**................... Articulation dans laquelle les surfaces osseuses reliées entre elles présentent chacune des saillies et des dépressions qui *s'emboîtent* réciproquement.
- **CONFORMATION D'UNE DIAR-THROSE**...................
  - **Cartilages articulaires**....... Les surfaces articulaires sont encroûtées de cartilage, matière élastique et résistante qui facilite les mouvements et amortit les chocs.
  - **Ligaments**...... Tissu fibreux, formé de filaments blancs inextensibles, servant de liens entre les os. Il y en a trois variétés : *ligaments en bandelettes, capsules fibreuses, ligaments interosseux.*
  - **Synoviale**....... Membrane *séreuse,* tapissant les parois internes des ligaments articulaires et sécrétant la *synovie,* liquide facilitant le glissement des surfaces articulaires l'une sur l'autre.
- **MOUVEMENT**................... Les mouvements varient suivant les genres de diarthrose : *Flexion. — Extension. — Adduction. — Abduction. — Circumduction. — Rotation. — Glissement.*
- **PRINCIPALES DIARTHROSES**. Articulation temporo-maxillaire. Articulation de l'atlas avec l'occipital. Articulation de l'axis avec l'atlas. Articulation des os des membres entre eux.

Une *articulation* est l'union de deux ou plusieurs os entre eux.

4

MODE D'ACTION.
Organes actifs du mouvement.
Excités par les nerfs moteurs, ils se contractent. (Voir *Contraction musculaire.*)
Les mouvements musculaires se font au moyen de *leviers.*
Les leviers sont les os; la *puissance* est la contraction du muscle; la *résistance*, le poids du membre qui est mû.
Le *point d'appui* est l'articulation; le point d'application de la puissance, l'insertion mobile du muscle; le point d'application de la résistance est le centre de gravité du membre mû.

ACTION DES MUSCLES.

CONDITIONS QUI INFLUENT SUR L'ÉNERGIE ET LA VITESSE DES MOUVEMENTS.

Angle du muscle avec l'os mobile.
1° Si le muscle fait avec l'os mobile un *angle aigu*, une partie de la force du muscle se perd à presser l'os mobile contre l'os fixe.
2° Si le muscle fait avec l'os mobile un *angle droit*, toute la force du muscle est utilisée.
3° Si le muscle fait avec l'os mobile un *angle obtus*, une partie de la force se perd en tendant à écarter l'os mobile de l'os fixe.

Position de l'insertion mobile du muscle.
La force motrice est d'autant plus faible et la vitesse d'autant plus grande que l'insertion du muscle sur l'os mobile est *plus rapprochée de l'articulation.*

Influence du genre de levier.
Avec des leviers du premier genre, les mouvements sont peu étendus, mais sûrs, et ont surtout pour but de maintenir l'équilibre. Exemple : tête.
Avec des leviers du deuxième genre, la force est grande, le muscle peut soulever un poids considérable, mais le mouvement est lent et de peu d'étendue. Ces leviers sont rares. Exemple : pied.
Avec des leviers du troisième genre, les mouvements sont rapides et étendus, mais la force n'est pas grande. Ces leviers sont les plus communs. Exemple : flexion de l'avant-bras sur le bras.

ACTION DES ARTICULATIONS.
Le genre d'articulation rend certains mouvements possibles, certains autres impossibles; il limite également l'étendue des mouvements.
Les principales espèces de mouvement sont : flexion, extension, adduction, abduction, circumduction, rotation, glissement.
Fonction de l'*encroûtement cartilagineux* des surfaces articulaires.
Fonction des *ligaments.*
Fonction des *membranes synoviales.*

ACTION DES OS.
Organes passifs du mouvement : ils sont entraînés mécaniquement par la contraction musculaire.
Plus la masse de l'os à mouvoir est grande, plus les muscles moteurs sont volumineux; car la puissance d'un muscle dépend de son volume, c'est-à-dire du nombre de ses fibres.

ENVELOPPES.

ENVELOPPES OSSEUSES. (Crâne. — Colonne vertébrale.

ENVELOPPES MEMBRANEUSES (MÉNINGES).
- Dure-mère : membrane *fibreuse*. (*Faux du cerveau, Faux du cervelet, Tente du cervelet*).
- Arachnoïde: membrane *séreuse*, sécrète le liquide céphalo-rachidien.
- Pie-mère : membrane *cellulo-vasculaire*, moulée sur les circonvolutions.

CERVEAU....

FACE SUPÉRIEURE.
- *Hémisphères* séparés par scissure médiane. Chaque hémisphère est divisé en *lobes* (lobes frontaux, sphénoïdaux, occipitaux). — *Circonvolutions*.

FACE INFÉRIEURE.
- Nerfs olfactifs. — Nerfs optiques (*Chiasma*). — *Tuber cinereum*, surmonté par tige pituitaire et corps pituitaire. — Tubercules mamillaires.
- Pédoncules cérébraux: deux faisceaux de substance blanche, prolongements des cordons de la moelle épinière, qui s'épanouissent dans les hémisphères.

STRUCTURE INTÉRIEURE.

Hémisphères.
- Substance *grise* à la périphérie (cellules nerveuses).
- Substance *blanche* au centre (tubes nerveux).

Cavités intérieures.....

Ventricules latéraux...
- *Voûte*, formée par corps calleux (commissure des hémisphères).
- *Plancher*, formé par face supérieure des corps striés et des couches optiques et par le trigone cérébral.
- *Cloison de séparation : septum lucidum*, dont les deux feuillets écartés forment le cinquième ventricule.

Ventricule moyen..
- *Voûte*, formée par toile choroïdienne recouvrant le trigone.
- *Parois*, formées par couches optiques.
- *Sommet*, s'enfonce dans tige du corps pituitaire.

Organes intérieurs......

Couches optiques.
- Deux renflements ovoïdes, de substance blanche, constituant les parois latérales du troisième ventricule (*ventricule moyen*).

Corps striés.
- Deux renflements de substance grise, contenant une couche de substance blanche, situés en dehors des couches optiques.

Glande pinéale.
- Petit corps gris, formé de quelques fibres blanches mêlées de substance grise, renfermé dans l'épaisseur de la toile choroïdienne.

CERVELET...

CORPS DU CERVELET.
- Deux *lobes latéraux*, séparés par *lobe médian* (substance grise à la périphérie, substance blanche au centre), communiquant avec le cerveau par pédoncules cérébelleux supérieurs; avec la protubérance annulaire, par pédoncules cérébelleux moyens; et avec le bulbe rachidien, par pédoncules cérébelleux inférieurs. — *Arbre de vie*.

CAVITÉ DU CERVELET.
- *Quatrième ventricule*, situé entre la partie antérieure du cervelet, les pédoncules cérébelleux, la protubérance annulaire et le bulbe rachidien.
- Il communique, par l'*aqueduc de Sylvius*, avec le troisième ventricule (*ventricule moyen*).

MOELLE ALLONGÉE.

ISTHME DE L'ENCÉPHALE.

Pédoncules cérébraux.
- Deux colonnes de substance blanche, naissant de la protubérance annulaire, pour s'enfoncer dans les couches optiques.

Pédoncules cérébelleux.
- Colonnes de substance blanche, aboutissant au cervelet. (*V. Cervelet.*)

Protubérance annulaire.
- Large bande de substance blanche, se continuant supérieurement avec les pédoncules cérébraux, inférieurement avec le bulbe rachidien et latéralement avec les pédoncules cérébelleux moyens. — Appelée aussi *Pont de Varole*.

Tubercules quadrijumeaux.
- Quatre éminences de substance grise recouverte de substance blanche.

BULBE RACHIDIEN.
- *Pyramides antérieures*, s'entrecroisant : ce sont les prolongements des faisceaux antérieurs de la moelle épinière.
- *Pyramides postérieures*, prolongements des faisceaux postérieurs de la moelle épinière. Leur écartement forme le V ou *calamus scriptorius* : la pointe s'appelle *nœud vital*.

MOELLE ÉPINIÈRE.

PARTIE CENTRALE.
- Formée de *substance grise*, ayant plus ou moins la forme d'un X : cornes antérieures, cornes postérieures, commissure grise.

PARTIE CORTICALE.
- Formée de *substance blanche*, divisée par deux sillons médians, l'un antérieur, l'autre postérieur, en deux lobes latéraux réunis par une commissure blanche. La substance grise divise chaque lobe de la substance blanche en deux cordons, un cordon antéro-latéral et un cordon postérieur.

NERFS EN GÉNÉRAL.

ORIGINE — Ils naissent de l'encéphale ou bien de la moelle épinière. Ces derniers naissent par deux ordres de racines : racines antérieures (*motrices*), racines postérieures (*sensitives*).

TRAJET — Ils ont une direction rectiligne : sur leur trajet, on remarque des *anastomoses*, des *plexus*, des *ganglions;* les ganglions n'existent pas sur le parcours des nerfs moteurs.

TERMINAISON — Ils se terminent aux muscles (sous forme de plaques), à la peau, aux muqueuses, aux membranes séreuses et fibreuses, aux glandes, sur les parois des vaisseaux, etc.

STRUCTURE — Chaque nerf se compose de plusieurs faisceaux de tubes nerveux enveloppés par un névrilemme; chaque faisceau est entouré par un périnèvre.
Chaque tube nerveux comprend : *cylinder-axis*, *myéline*, *gaine de Schwan*.

NERFS EN PARTICULIER.

NERFS CRANIENS (12 paires).

- Nerfs sensitifs. — Nerf optique. — Nerf acoustique. — Nerf olfactif.
- Nerfs moteurs. — Nerf oculo-moteur commun. — Nerf oculo-moteur externe. Nerf pathétique. — Nerf facial. Nerf gland-hypoglosse. — Nerf spinal.
- Nerfs mixtes. — Nerf glosso-pharyngien. — Nerf trijumeau. — Nerf pneumogastrique.

NERFS RACHIDIENS (31 paires).

Chaque nerf naît par deux racines, l'une antérieure (*motrice*), l'autre postérieure (*sensitive*), qui se réunissent ensuite en un faisceau; puis ce faisceau se divise en trois branches : *branche antérieure* (se rend à la partie antérieure du corps), *branche postérieure* (se rend à la partie postérieure), *branche sympathique* (se rend à un ganglion du grand-sympathique).
Huit paires cervicales, douze paires dorsales, cinq paires lombaires, six paires sacrées.

NERFS DU GRAND-SYMPATHIQUE.

- Tronc. — *Double chaîne de ganglions*, unis par des cordons nerveux longitudinaux, située de chaque côté de la colonne vertébrale, depuis la base du crâne jusqu'au coccyx.
- Racines. — De chaque ganglion partent des filets nerveux se *continuant avec les branches sympathiques des nerfs rachidiens :* ces branches sympathiques sont les racines du grand-sympathique.
- Branches. — De chaque ganglion partent également des filets nerveux qui se distribuent sous forme de plexus *aux organes de la vie végétative :* organes des appareils digestif, circulatoire, respiratoire, sécréteurs, artères.

CERVEAU.

LOBES CÉRÉBRAUX.

Excitabilité.... : Ni sensibles par eux-mêmes, ni excitables, c'est-à-dire que sous l'influence d'une irritation, ils ne provoquent pas de contractions musculaires.

Centre d'Innervation.

- Mouvement. : Centre d'incitation des mouvements *volontaires* (*Localisation des centres moteurs*). Mouvements non volontaires peuvent s'exécuter sans lobes.
- Sensibilité. : Centre de perception *consciente* des impressions sensitives de sensibilité générale et de sensibilité spéciale. Lobes ne sont pas nécessaires à la perception inconsciente des impressions sensitives.
- Actes psychiques.. : Centre de l'Intelligence et de la Volonté. *Preuves* : Anatomie comparée, Pathologie, Physiologie expérimentale. Essais infructueux de localisation des facultés (*Gall*).

CORPS STRIÉS.
- Excitabilité..... : Ni sensibles par eux-mêmes, ni excitables.
- Fonctions. : Controversées.

COUCHES OPTIQUES.
- Excitabilité.... : Ni sensibles, ni excitables.
- Fonctions. : Controversées.

CERVELET.

EXCITABILITÉ. : L'excitation du cervelet ne provoque aucun signe de sensibilité, il donne seulement lieu à des phénomènes de *motilité*.

CENTRE D'INNERVATION. : Centre de la *coordination des mouvements*. Pas nécessaire pour l'exécution d'un mouvement voulu. Pas nécessaire au fonctionnement de la sensibilité et de l'intelligence. Pédoncules cérébraux et cérébelleux : organes de transmission.

MOELLE ALLONGÉE.

ISTHME DE L'ENCÉPHALE.

Protubérance annulaire.
- Excitabilité..... : Protubérance est excitable.
- Conductibilité.... : Transmet les impressions sensitives et les excitations motrices.
- Centre d'innervation. : C. de production des excitations motrices (*locomotion*). C. perceptif des impressions sensitives (*perception inconsciente*). C. de la mastication et de la salivation.

Tubercules quadrijumeaux.
- Excitabilité. : Ils sont excitables.
- Centre d'innervation. : C. de la vision et du mouvement des yeux.

BULBE RACHIDIEN.
- Excitabilité..... : Excitabilité des divers faisceaux du bulbe très controversée.
- Conductibilité... : Transmission totalement croisée des excitations motrices et partiellement croisée des impressions sensitives.
- Centre d'innervation. : C. de coordination des mouvements réflexes. C. des mouvements de déglutition et des mouvements respiratoires. C. de phonation. — C. glycogénique.

MOELLE ÉPINIÈRE.

EXCITABILITÉ. CONDUCTIBILITÉ. : Nulle pour la substance grise; controversée pour la substance blanche. Faisceaux blancs *antérieurs* conduisent les excitations motrices. Faisceaux blancs *postérieurs* conduisent les impressions sensitives.

CENTRE D'INNERVATION.

Centre d'actes réflexes.

Principaux genres de mouvements réflexes.
- 1° M. réflexes des muscles de la vie *animale*, succédant à l'irritation des nerfs sensitifs de la vie *animale*.
- 2° M. réflexes des muscles de la vie *animale*, succédant à l'irritation des nerfs sensitifs de la vie *végétative*.
- 3° M. réflexes des muscles de la vie *végétative*, succédant à l'irritation des nerfs sensitifs de la vie *animale*.
- 4° M. réflexes des muscles de la vie *végétative*, succédant à l'irritation des nerfs sensitifs de la vie *végétative*.

Mécanisme des mouvements réflexes.
- 1° Irritation d'une extrémité nerveuse sensitive (nerf centripète).
- 2° Transmission de l'irritation, par ce nerf centripète, à un centre nerveux.
- 3° Ébranlement du centre nerveux.
- 4° Communication de cet ébranlement à un nerf centrifuge.
- 5° Action de ce nerf centrifuge sur l'appareil moteur : production d'un mouvement inconscient ou conscient, mais involontaire (*fatalité*) et adapté à un but (*finalité*).

Centre vaso-moteur (vaso-constricteur et vaso-dilatateur).
Centre de nutrition : influence sur nutrition, sécrétions et calorification.

NERFS CRANIENS.

NERFS SENSITIFS.

- **Nerf optique......** Nerf de la vision. Son excitation produit uniquement une sensation lumineuse.
- **Nerf acoustique..** Nerf de l'audition. Son excitation produit uniquement une sensation sonore.
- **Nerf olfactif......** Nerf de l'olfaction. Insensible aux excitations mécaniques.

NERFS MOTEURS.

- **Nerf oculo-moteur commun........** Innerve tous les muscles de l'œil excepté le droit externe.
- **Nerf oculo-moteur externe.........** Innerve le droit externe de l'œil.
- **Nerf pathétique..** Innerve le grand oblique qui porte la pupille en bas et en dehors.
- **Nerf facial.......** Innerve tous les muscles peauciers de la face ainsi que les glandes salivaires.
- **Nerf grand hypo-glosse..........** Innerve les muscles de la langue ainsi que les muscles sus et sous-hyoïdiens.
- **Nerf spinal......** Innerve le sterno-cleido-mastoïdien et le trapèze ainsi que les muscles du larynx.

NERFS MIXTES.

- **Nerf glosso-pharyngien.........** Préside à la sensibilité générale et spéciale de la base de la langue. Préside aux mouvements du pharynx.
- **Nerf trijumeau...**
  - **Branche ophthalmique............** Donne la *sensibilité* à la région frontale de la face. Préside à la *sécrétion lacrymale.*
  - **Branche maxillaire supérieure.......** Donne la *sensibilité* à la région moyenne de la face.
  - **Branche maxillaire inférieure........** Donne la *sensibilité* à la région inférieure de la face. Donne la *motilité* aux muscles masticateurs.
- **Nerf pneumo-gastrique. ....** Donne la *sensibilité* à une partie du tube digestif, à la muqueuse des voies aériennes et au cœur. Donne la *motilité* à la partie supérieure du tube digestif, aux muscles du larynx et aux fibres musculaires des bronches.

NERFS RACHIDIENS.

NERFS MOTEURS. Les racines antérieures contiennent les *fibres centrifuges,* c'est-à-dire les nerfs moteurs et sécréteurs. Ces nerfs excités ne donnent que des phénomènes de mouvement ou de sécrétion.

NERFS SENSITIFS. Les racines postérieures contiennent les *fibres centripètes,* c'est-à-dire les nerfs sensitifs. Ces nerfs excités donnent des sensations douloureuses.

NERFS DU GRAND SYMPATHIQUE.

SOURCE D'ACTIVITÉ. La source d'activité du grand sympathique paraît être dans la *substance grise de la moelle épinière,* quoique les ganglions, qui sont des amas de substance grise, doivent *coopérer* à cette innervation au moins en la renforçant. Le système cérébro-spinal et le grand sympathique s'influencent réciproquement, en raison de leur union intime.

MODES D'ACTIVITÉ.

- **Nerfs sensitifs....** Ils donnent aux organes de la vie végétative une sensibilité, *obtuse* à l'état normal, mais qui devient aiguë à l'état pathologique.
- **Nerfs moteurs....** Ils donnent aux muscles de la vie végétative une action motrice *lente.*
- **Nerfs vaso-moteurs. ....** *Vaso-constricteurs :* ils rétrécissent les capillaires sanguins. *Vaso-dilatateurs :* ils dilatent les capillaires sanguins.
- **Nerfs glandulaires...............** Ils président aux sécrétions.
- **Nerfs trophiques.** Ils président à la nutrition des organes (assimilation et désassimilation).

1° GLOBE OCULAIRE.

MEMBRANES...	SCLÉROTIQUE......	Membrane *fibreuse*, résistante, élastique, blanche, opaque, contenant enchâssée, en avant, à la façon d'un verre de montre, la cornée transparente.
	CORNÉE............	Membrane transparente, convexe antérieurement, *enchâssée dans la sclérotique*. Elle est recouverte, ainsi que la sclérotique, par la *conjonctive*.
	CHOROIDE..........	Membrane, située sous la sclérotique, formée de trois couches : l'externe, celluleuse ; la moyenne, fibro-vasculaire ; et l'interne, formée de cellules contenant un *pigment noir*. Elle se dédouble en avant en deux feuillets : l'interne (*corps ciliaire*), dont les prolongements, en forme de rayons (*procès ciliaires*), s'appliquent à la périphérie du cristallin, comme les griffes d'une bague autour d'une pierre précieuse (*couronne ciliaire*) ; le feuillet externe (*muscle ciliaire*) sert à comprimer la périphérie du cristallin pour en augmenter la convergence.
	IRIS...............	*Diaphragme, musculo-vasculaire*, à couche profonde pigmentaire, percé d'une ouverture circulaire (*pupille*) et adhérant par son bord externe au muscle ciliaire et à la sclérotique. Les fibres musculaires sont, les unes radiées, les autres circulaires.
	RÉTINE..............	Épanouissement du nerf optique, après qu'il a traversé sclérotique et choroïde. — Plusieurs couches, dont l'une à *bâtonnets* et à *cônes* paraît être la plus importante. — Papille optique ou *punctum cæcum*. — *Tache jaune*. — La rétine est transparente.
MILIEUX RÉFRINGENTS.	HUMEUR AQUEUSE.	Liquide transparent (eau, albumine, quelques sels), situé entre la cornée et l'iris (chambre antérieure de l'œil : la prétendue chambre postérieure est *fictive*).
	CRISTALLIN........	*Lentille biconvexe*, à densité croissant de la périphérie au centre et à courbure postérieure plus forte que l'antérieure. Sa face antérieure est en rapport immédiat avec l'iris ; sa face postérieure, avec la membrane hyaloïde ; sa circonférence, avec les procès ciliaires et le muscle ciliaire. Enveloppé par capsule cristalline, qui peut reproduire le cristallin.
	HUMEUR VITRÉE...	Liquide gélatineux, diaphane, situé entre le cristallin et la rétine, au fond de l'œil ; il est enveloppé par *membrane hyaloïde*, très ténue et transparente.

2° ORGANES ANNEXES.

APPAREIL SUSPENSEUR.		Le globe oculaire est maintenu en place dans la cavité orbitaire par ses muscles, le nerf optique, la conjonctive, les paupières, mais surtout par l'aponévrose orbito-oculaire, qui enveloppe l'œil en fournissant une gaine aux muscles oculaires. La cavité, formée par cette aponévrose, contient des amas de graisse, faisant coussinet.
APPAREIL MOTEUR.	Muscle orbiculaire des paupières.............	Situé dans l'épaisseur des paupières ; par sa contraction, il ferme les paupières.
	Muscle releveur de la paupière supérieure..	Antagoniste de l'orbiculaire.
	Muscle droit supérieur. Muscle droit inférieur.. Muscle droit interne... Muscle droit externe...	Ces muscles s'insèrent en arrière, au fond de l'orbite, e', en avant, sur la sclérotique. Chacun d'eux, en se contractant, attire le globe oculaire de son côté.
	Muscle grand oblique..	Il tourne la pupille en bas, en dehors et en arrière.
	Muscle petit oblique...	Il tourne la pupille en haut et en dehors.
APPAREIL LACRYMAL.	Glande lacrymale......	Glande en grappe, située à la partie supérieure et externe de l'œil.
	Points lacrymaux......	Orifices des conduits lacrymaux, situés à l'angle interne du bord libre de chaque paupière.
	Conduits lacrymaux...	Canaux situés dans l'épaisseur des paupières.
	Sac lacrymal..........	Sac dans lequel débouchent les conduits lacrymaux et se continuant avec le canal nasal.
	Canal nasal...........	Canal allant du sac lacrymal au méat inférieur des fosses nasales (*valvules*).
APPAREIL PROTECTEUR (PAUPIÈRES).		*Peau*, recouvrant le muscle orbiculaire des paupières. *Charpente fibro-cartilagineuse. Membrane muqueuse (conjonctive)*, tapissant la face interne des paupières et la face antérieure du globe oculaire. Au-devant de la cornée, la conjonctive est réduite à son épithélium pavimenteux. *Glandes* : glandes de Meibomius et glandes ciliaires s'ouvrant sur le bord libre des paupières ; glande de la caroncule lacrymale.

FORMATION DE L'IMAGE RÉTINIENNE.

FONCTION DE L'IRIS..... — L'iris joue le rôle du diaphragme des instruments d'optique, et sa fonction est de *régler la quantité de rayons lumineux* qui doivent pénétrer dans l'œil, en se contractant ou en se dilatant, suivant l'intensité de la source lumineuse et la sensibilité de la rétine.

FONCTION DU CRISTALLIN..................... — Il agit sur les rayons lumineux qui ont pénétré par la pupille, à la manière d'une *lentille biconvexe* : cette lentille est achromatique grâce à l'interposition de l'iris.

FONCTION DES HUMEURS AQUEUSE ET VITRÉE. — Elles ajoutent leur *action réfringente* à celle du cristallin ; de plus l'humeur aqueuse maintient régulière la courbure de la cornée.

FONCTIONS DE LA CHOROÏDE................. — Le muscle ciliaire est l'*agent essentiel de l'accommodation* aux diverses distances : il sert à comprimer la périphérie du cristallin, pour en augmenter la courbure et par suite la convergence : il n'entre en contraction que pour la vue des objets rapprochés.
La *couche pigmentaire de la choroïde* a pour but d'absorber les rayons lumineux qui ont impressionné la rétine et qui ne servent plus à la vision.

FONCTION DE LA RÉTINE. — La rétine est l'écran où se forme l'image de l'objet, image *réelle, renversée* et *très amoindrie* ; elle transmet l'impression reçue au cerveau, par le moyen du nerf optique dont elle n'est que l'épanouissement.
La *tache jaune*, située dans l'axe optique de l'œil, est le point le plus sensible de la rétine.
La *papille optique*, point par lequel le nerf optique s'épanouit pour former la rétine, est insensible à la lumière (*punctum cœcum*).

PROPRIÉTÉS DE LA SENSATION LUMINEUSE.

1° L'objet est vu *droit*, quoique l'image rétinienne soit renversée : on explique ce phénomène de plusieurs manières plus ou moins plausibles.
2° L'objet est vu *simple et unique*, quoiqu'il y ait deux images rétiniennes, une sur chaque œil. Pour que l'objet soit vu simple, il faut que les deux images se peignent sur deux points correspondants de la rétine, ce qui exige que le sommet de l'angle optique, formé par la rencontre des deux axes optiques, coïncide avec l'objet.
La vision avec les deux yeux est nécessaire pour la sensation du relief.
3° La *durée de la sensation*, après la cessation de la cause, est d'environ un dixième de seconde : on explique plusieurs phénomènes par cette persistance des impressions lumineuses.

MODIFICATIONS DE LA VISION (ANOMALIES).

PAR CONFORMATION DE L'ŒIL...............

Myopie.....
Cause : excès de courbure de la cornée ou du cristallin.
Effet : l'image des objets éloignés se peint en avant de la rétine.
Remède : verres concaves qui diminuent la convergence des rayons.

Hypermétropie ...
Cause : défaut de courbure du cristallin (*à tout âge*).
Effet : l'image des objets rapprochés tend à se faire derrière la rétine.
Remède : verres convexes qui augmentent la convergence des rayons.

Presbytie..
Cause : diminution du pouvoir d'accommodation (*chez les vieillards*).
Effet et remèdes : comme pour l'hypermétropie.

Daltonisme.
Impossibilité de distinguer certaines couleurs (surtout le rouge).

PAR DIVERSES CAUSES..

Sensations subjectives.
Tout excitant externe ou interne (piqûre, pression,...) peut causer des sensations visuelles subjectives (*phosphènes*).

Images consécutives.
Image qui persiste après qu'on a cessé de fixer un objet fortement éclairé : si l'objet est coloré, l'image consécutive est de la couleur complémentaire de celle de l'objet.

Irradiation.
Illusion qui fait paraître les dimensions d'un objet lumineux plus grandes que celles d'un objet obscur.

APPAREIL DE L'AUDITION.

OREILLE EXTERNE.

PAVILLON......... Lame fibro-cartilagineuse, revêtue de quelques muscles et de la peau.

CONDUIT AUDITIF EXTERNE......... Canal de deux à trois centimètres de longueur. Paroi, cartilagineuse dans la moitié externe, osseuse (*rocher*) dans la moitié interne, recouverte par la peau. Follicules sébacés, à cérumen jaune.

OREILLE MOYENNE (CAISSE DU TYMPAN).

PAROI EXTERNE.. Membrane du tympan, enchâssée dans le rocher, et séparant l'oreille externe de l'oreille moyenne.

PAROI INTERNE.... Formée par le rocher : elle présente deux orifices : *fenêtre ovale*, fermée par la base de l'étrier et faisant communiquer la caisse du tympan avec le vestibule ; *fenêtre ronde*, fermée par une membrane et faisant communiquer la caisse du tympan avec la rampe tympanique du limaçon.

CIRCONFÉRENCE.. Formée par le rocher ; tapissée, ainsi que les parois externe et interne, par membrane muqueuse. On y trouve l'*orifice des cellules mastoïdiennes*, cavités irrégulières creusées dans l'apophyse mastoïde, et l'*orifice de la trompe d'Eustache*, canal qui fait communiquer la caisse du tympan avec le pharynx.

CAVITÉ TYMPANIQUE. *Pleine d'air* à la pression de l'air extérieur ; traversée par chaîne des osselets de l'ouïe, qui sont réunis par des ligaments, mus par des muscles et recouverts par muqueuse. (*Marteau*, adhérant à la membrane du tympan. — *Enclume*. — *Os lenticulaire*. — *Étrier*, fermant par sa base la fenêtre ovale.)

OREILLE INTERNE (LABYRINTHE).

VESTIBULE.... Cavité creusée dans le rocher, pleine d'un liquide (*périlymphe*) dans lequel flottent deux sacs membraneux (*utricule et saccule*), pleins eux-mêmes de liquide (*endolymphe*). Ces deux sacs présentent des taches blanchâtres (*taches auditives*) qui doivent cette couleur à poussière calcaire (*otoconie*), formée d'*otolithes* : ces taches sont tapissées de cils : c'est là que se terminent les derniers ramuscules d'une des branches du nerf acoustique.

CANAUX SEMI-CIRCULAIRES. Trois canaux semi-circulaires *osseux*, débouchant dans le vestibule et pleins de périlymphe (*liquide de Cotugno*). Dans ce liquide flottent trois canaux semi-circulaires *membraneux* pleins eux-mêmes de liquide (*endolymphe*), et s'abouchant avec l'utricule.

LIMAÇON......
— Lame des contours. Tube creux osseux, contourné en spirale et faisant deux tours et demi.
— Columelle. Axe central osseux, traversé par un canal : ce canal renferme la branche cochléenne du nerf acoustique et a ses parois creusées de pertuis pour rameaux nerveux.
— Lame spirale. Lame qui sépare la cavité spirale en deux compartiments ou rampes, communiquant au sommet. Elle est constituée par trois feuillets (membrane de *Reisner*, membrane de *Corti*, membrane *basilaire*), dont l'écartement forme deux canaux intermédiaires aux rampes (canal triangulaire, canal de Corti).
— Rampes...
Rampe tympanique, débouchant en regard de la fenêtre ronde.
Rampe vestibulaire.
— Canal *vestibulaire*, s'ouvrant dans le vestibule.
— Canal *triangulaire*.
— Canal *de Corti*, contenant trois mille arcs fibreux qui reposent sur la membrane basilaire (*organe de Corti*).

NERF ACOUSTIQUE. Il traverse un canal pratiqué dans le rocher (conduit auditif interne) et se divise en : 1° *Branche cochléenne*, logée dans le canal axile de la columelle du limaçon : ses ramifications s'épanouissent sur la lame spirale et aboutissent aux trois mille fibres de Corti (Helmoltz compare cet appareil à un piano). — 2° *Branche vestibulaire*, pénétrant dans le vestibule et se terminant à la surface des diverses pièces situées dans le vestibule et dans les canaux semi-circulaires.

MÉCANISME DE L'AUDITION.

OREILLE EXTERNE. Le pavillon *recueille* les vibrations sonores, et le conduit auditif externe les *transmet* à la membrane du tympan.

OREILLE MOYENNE. La membrane du tympan *vibre* et *fait vibrer* la chaîne des osselets ainsi que l'air de la caisse (qui est maintenu à la même pression que l'air extérieur par la trompe d'Eustache).

OREILLE INTERNE. Les vibrations de l'étrier se communiquent à la *périlymphe* par la fenêtre ovale, et celles de l'air de la caisse tympanique, par la fenêtre ronde. La périlymphe, en vibrant, fait vibrer le labyrinthe membraneux et son *endolymphe*. Les *filets nerveux* qui flottent en nombre immense au sein de l'endolymphe, reçoivent alors, par l'intermédiaire des cils auditifs et des fibres de Corti, l'excitation, qui, de là, passe au cerveau, en y produisant le son ou sensation sonore.

5

OLFACTION.

APPAREIL DE L'OLFACTION.

NEZ
- Charpente.
  - Os propres du nez (deux).
  - Cartilages latéraux (deux). — Cartilages des ailes du nez (deux). — Cartilage de la cloison.
- Couche musculaire (muscles moteurs du nez).
- Couche cutanée à l'extérieur, se continuant à l'intérieur avec couche muqueuse (voir fosses nasales).

FOSSES NASALES

Les fosses nasales sont deux cavités, séparées l'une de l'autre par lame perpendiculaire de l'ethmoïde, vomer et cartilage de la cloison.

- Parois....
  - *Plancher.* Os palatins.
  - *Voûte.* Os du nez, lame criblée de l'ethmoïde, corps du sphénoïde.
  - *Parois externes.*
    - Os unguis, os palatins, maxillaires supérieurs.
    - Ethmoïde (formant le cornet supérieur et le cornet moyen).
    - Cornet inférieur (os spécial).
    - Ces cornets sont séparés par trois méats correspondants, où l'on trouve les orifices des sinus et du canal nasal.

- Annexes..
  - Sinus frontaux. — Sinus sphénoïdaux.
  - Sinus ethmoïdaux. — Sinus maxillaires.

- Muqueuse pituitaire......
  - Membrane muqueuse *très vasculaire*, tapissant le nez et les fosses nasales et envoyant des prolongements dans les sinus.
  - *Epithélium*, pavimenteux à la partie inférieure et antérieure ; vibratile, dans les autres parties.
  - *Glandes* en grappe, situées dans la muqueuse et sécrétant le *mucus nasal*.

- Nerfs.....
  - La *sensibilité générale* provient de la branche ophthalmique et du nerf maxillaire supérieur du trijumeau.
  - La *sensibilité spéciale* provient du nerf olfactif qui, traversant la lame criblée de l'ethmoïde, vient s'épanouir sur le tiers supérieur de la muqueuse pituitaire.

MÉCANISME DE L'OLFACTION.
- L'air, chargé des particules odorantes, vient frapper la membrane pituitaire.
- Ces particules y sont retenues grâce à la couche de mucus.
- Leur contact ébranle le nerf olfactif qui transmet au cerveau l'impression reçue.

GUSTATION.

APPAREIL DE LA GUSTATION (LANGUE).

SQUELETTE OSTÉO-FIBREUX.
- Os hyoïde.
  - Os impair situé à la partie antérieure et supérieure du cou, à la base de la langue, au-dessus des cartilages du larynx.
  - Corps, *grandes cornes, petites cornes.*
- Membrane hyoglossienne.
  - Membrane fibreuse, fixant les muscles de la langue à l'os hyoïde.

MUSCLES
- Muscles, formant *la masse de la langue*, et insérés à l'os hyoïde à l'apophyse styloïde du temporal et au maxillaire inférieur.

MUQUEUSE
- Le derme, appliqué sur la masse musculaire, présente :
  - 1° des *éminences superficielles*, où se terminent les vaisseaux et les nerfs : papilles caliciformes, corolliformes, fongiformes, coniques, hémisphériques.
  - 2° des *glandes nombreuses*, situées entre les mailles serrées du tissu dermique.
- L'épithélium, recouvrant le derme, est formé de cellules pavimenteuses.

NERFS
- Nerf moteur..
  - Le Grand Hypoglosse anime la plupart des muscles de la langue.
- Nerfs sensitifs......
  - La *sensibilité générale* provient du nerf lingual (pointe et bords de la langue) et du laryngé supérieur, branche du Pneumogastrique.
  - La *sensibilité spéciale* provient surtout du Glosso-pharyngien (tiers postérieur de la langue); le nerf lingual (rameau du trijumeau), et la corde du tympan (rameau du nerf facial) interviennent aussi dans la gustation.

MÉCANISME DE LA GUSTATION.
- Les corps sapides *dissous*, mis en contact avec la langue (*base surtout, pointe, bords*), impressionnent les nerfs de la gustation qui s'épanouissent dans les papilles.
- Les nerfs ébranlés transmettent l'impression aux cellules nerveuses du cerveau.

APPAREIL DU TOUCHER (PEAU).

DERME

Couche profonde.
Tissu fibreux, blanc, vasculaire, séparé (excepté au cou et à la face) des aponévroses des muscles par le *tissu cellulaire adipeux sous-cutané*.

Couche superficielle.
Couche hérissée de papilles (éminences mamelonnées) : *Papilles vasculaires*, où aboutissent les capillaires sanguins; *Papilles nerveuses*, recevant les extrémités des filets nerveux enroulés autour d'un *corpuscule du tact*: nombreuses surtout à la paume des mains et à la plante des pieds.

ÉPIDERME

Couche profonde.
Tissu formé de cellules épithéliales molles, arrondies, non encore aplaties (*corps muqueux de Malpighi*) : ces cellules contiennent des *granulations pigmentaires* qui donnent à la peau sa coloration. Cette couche, à sa face intérieure, est creusée de fossettes qui reçoivent les papilles du derme.

Couche superficielle.
Tissu formé de cellules épithéliales, de plus en plus sèches et aplaties, à mesure qu'elles deviennent plus superficielles. Cette couche (*couche cornée*) se détruit sans cesse par sa face externe et se régénère par sa face interne.

ANNEXES

Glandes cutanées.
Glandes sudoripares, situées dans la couche profonde du derme : tubes pelotonnés, à conduit excréteur spiralé, débouchant à l'extérieur par les pores de la peau. *Glandes sébacées :* tubes en grappe simple, logées dans la couche profonde du derme et débouchant à l'extérieur, surtout près des poils.

Productions épidermiques.

Poils.
Follicule pileux — Sac, situé dans le derme, et contenant bulbe pileux qui sécrète le poil par couches concentriques en cônes.

Poil proprement dit. — Cylindre creux, constitué par une gaîne épidermique et un canal central, rempli de cellules colorées par des granulations pigmentaires.

Ongles. — *Couche profonde*, analogue à la couche profonde de l'épiderme. *Couche superficielle*, formée de cellules dures, cornées et aplaties, étroitement unies entre elles.

FONCTIONS DE LA PEAU.

PROTECTION.
La *couche cornée*, recouverte de l'*enduit sébacé*, que sécrètent les glandes sébacées, protège les parties sous-jacentes et atténue l'effet du contact des corps extérieurs : cette couche enlevée, il n'y a plus tact proprement dit, il y a douleur.

TACT ET TOUCHER.
La peau est le siége du tact et donne les sensations de *contact*, de *résistance* et de *température :* les papilles nerveuses sont les organes essentiels.
Le *tact passif* appartient à la peau et aux muqueuses.
Le *tact actif* (toucher) a son siége dans la main.
Les nerfs qui transmettent à l'encéphale les impressions tactiles sont :
1° *Les racines postérieures des trente et une paires rachidiennes* (peau de tout le tronc, des quatre membres, du segment postérieur de la tête et de la partie inférieure du tube digestif).
2° *La grosse racine du trijumeau* (peau de la face et muqueuses labiale, linguale, palatine, nasale, etc.).
3° Le *glosso-pharyngien* (muqueuses du tympan, de la base de la langue, d'une partie du pharynx).
4° Le *pneumo-gastrique* (muqueuses du pharynx, du larynx, de la trachée, des bronches, de l'œsophage et de l'estomac).

SÉCRÉTION.
Sécrétion cutanée.... Sécrétion sudoripare. Sécrétion sébacée.
Sécrétion muqueuse. Le produit varie avec chaque muqueuse. (Muqueuses buccale, nasale, digestive, respiratoire, etc.)

ABSORPTION.
Absorption cutanée.
Absorption muqueuse.

ORGANE ESSENTIEL DE LA PHONATION : LARYNX.

SQUELETTE CARTILAGINEUX.

CARTILAGE THYROIDE. — En forme de livre à demi ouvert (*pomme d'Adam*); situé en haut et en avant.
Il s'articule ; *en haut*, avec l'os hyoïde; *en bas*, avec le cartilage cricoïde; *latéralement*, avec les cartilages aryténoïdes.

CARTILAGE CRICOIDE.. — En forme d'anneau, étroit en avant, *beaucoup plus large en arrière*.
Il s'articule : *en bas*, d'une manière fixe, avec le premier anneau de la trachée; *en haut et en avant*, avec le thyroïde; *en haut et en arrière*, avec les bases des cartilages aryténoïdes.

CARTILAGES ARYTÉNOIDES........... — Deux petits cartilages prismatiques, triangulaires, situés verticalement à la partie *postérieure supérieure* du larynx, s'articulant avec cartilages thyroïde et cricoïde.

ÉPIGLOTTE............. — Fibro-cartilage mobile, pouvant fermer le larynx à la manière d'une *soupape*; fixé par sa base à la langue, à l'os hyoïde et au cartilage thyroïde.

CORDES VOCALES.

Cordes vocales supérieures : ligaments thyro-aryténoïdiens supérieurs, allant de l'angle rentrant du cartilage thyroïde aux aryténoïdes et formant entre eux un étranglement appelé *glotte supérieure.*

Cordes vocales inférieures : ligaments thyro-aryténoïdiens inférieurs, allant de l'angle rentrant du cartilage thyroïde aux aryténoïdes et formant entre eux un étranglement plus étroit (*glotte inférieure*).

Ventricules du larynx : ce sont deux excavations latérales, situées entre les cordes vocales supérieures et les cordes vocales inférieures.

MUSCLES..........

MUSCLES EXTRINSÈQUES................ — Ils prennent leur point d'appui sur des parties voisines du larynx ; les uns *abaissent*, les autres soulèvent le larynx tout d'une pièce (*muscles de la déglutition*).

MUSCLES INTRINSÈQUES............... — Ils s'insèrent, à leurs deux extrémités, sur parties constitutives du larynx et les font mouvoir : les uns sont *constricteurs*, les autres, *dilatateurs* de la glotte (*muscles de la phonation*).

MUQUEUSE....... — Très mince, revêtant la paroi interne du larynx, renfermant nombreuses glandes en grappe.
Derme, recouvert d'un épithélium vibratile, excepté au niveau des cordes vocales inférieures, où il est pavimenteux.

MÉCANISME DE LA PHONATION.

SON INARTICULÉ..

ÉMISSION DU SON...... — L'appareil vocal est un instrument à anche.
Les poumons sont le *soufflet*; les bronches et la trachée, le *porte-vent* ; les cordes vocales inférieures, *les anches membraneuses*; le pharynx, la bouche et le nez, le *tuyau de renforcement*. Le son est donc produit par les vibrations de l'air.
Pour qu'il y ait son, il faut qu'il y ait *expiration*, et que l'air expiré fasse battre avec une vitesse suffisante les cordes vocales inférieures : ce qui exige que l'*ouverture de la glotte soit rétrécie* et que les *cordes vocales soient suffisamment tendues*.

MODIFICATIONS DU SON. — **Intensité** : elle varie en raison directe de l'amplitude des vibrations des cordes vocales, et par suite, en raison directe de la *force du courant d'air expiré.*
Hauteur : elle varie en raison directe de la *tension des cordes vocales* et en raison inverse de leur *longueur.*
Timbre : il dépend surtout de la résonnance des parties situées au-dessus des cordes vocales, qui par leurs vibrations produisent les harmoniques du son rendu.

SON ARTICULÉ (PAROLE).

ORGANES D'ARTICULATION. — Le son, émis par le larynx, est articulé par le jeu des organes suivants :
Pharynx. — Voile du palais. — Luette.
Langue. — Dents. — Lèvres. — Joues. — Fosses nasales.

PRODUITS DE L'ARTICULATION. —
Voyelles... | a, é, e, i, o, u, ou.
Consonnes. | Labiales.......... | b, p, f, v, m.
Linguale.......... | r
Linguo-dentales.. | d, t, s, ç, z, l, n.
Linguo-gutturales. | j, ch, g, k, q,
ch (*allemand*).

PROTOZOAIRES .... Rhizopodes.
Infusoires.

ACTINOZOAIRES (RAYONNÉS).

CŒLENTÉRÉS .... Spongiaires.
Coralliaires.
Hydroméduses.
Cténophores.

ÉCHINODERMES .... Crinoïdes.
Stellérides.
Échinoïdes.
Holothurides.

ENTOMOZOAIRES (ANNELÉS).

VERS .... Helminthes.
Rotateurs.
Géphyriens.
Annélides.

ARTHROPODES (ARTICULÉS). Crustacés.
Arachnides.
Myriapodes.
Insectes.

MALACOZOAIRES ....

MOLLUSQUES .... Lamellibranches.
Scaphopodes.
Gastéropodes.
Ptéropodes.
Céphalopodes.

MOLLUSCOÏDES .... Bryozoaires.
Brachiopodes.

TUNICIERS .... Ascidiens.
Salpiens.

OSTÉOZOAIRES (VERTÉBRÉS) .... Poissons.
Amphibiens.
Reptiles.
Oiseaux.
Mammifères.

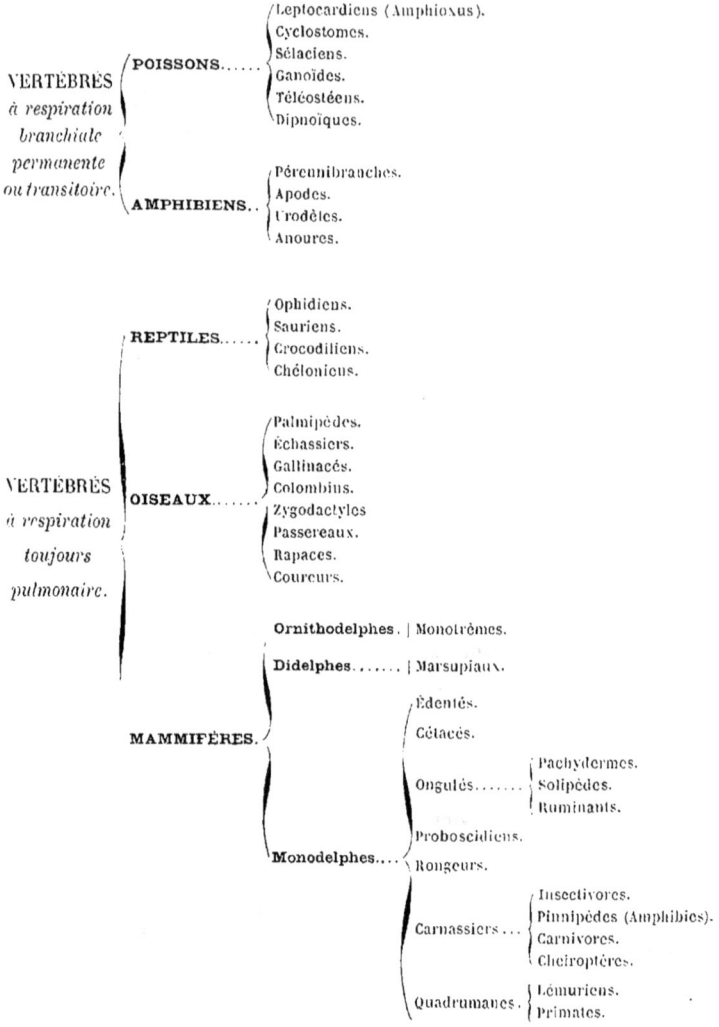

VERTÉBRÉS *à respiration branchiale permanente ou transitoire.*

POISSONS......
- Leptocardiens (Amphioxus).
- Cyclostomes.
- Sélaciens.
- Ganoïdes.
- Téléostéens.
- Dipnoïques.

AMPHIBIENS..
- Pérennibranches.
- Apodes.
- Urodèles.
- Anoures.

VERTÉBRÉS *à respiration toujours pulmonaire.*

REPTILES......
- Ophidiens.
- Sauriens.
- Crocodiliens.
- Chéloniens.

OISEAUX......
- Palmipèdes.
- Échassiers.
- Gallinacés.
- Colombins.
- Zygodactyles
- Passereaux.
- Rapaces.
- Coureurs.

MAMMIFÈRES.

Ornithodelphes. | Monotrèmes.

Didelphes....... | Marsupiaux.

Monodelphes...
- Édentés.
- Cétacés.
- Ongulés.......
  - Pachydermes.
  - Solipèdes.
  - Ruminants.
- Proboscidiens.
- Rongeurs.
- Carnassiers...
  - Insectivores.
  - Pinnipèdes (Amphibies).
  - Carnivores.
  - Cheiroptères.
- Quadrumanes.
  - Lémuriens.
  - Primates.

PAS D'APPAREIL DIGESTIF.

Rhizopodes (Amibes, Foraminifères). — Quelques infusoires.
Cestodes (vers parasites : Tœnia).
Acanthocéphales (vers parasites).
Rhizocéphales (petits crustacés parasites).

CAVITÉ DIGESTIVE SANS PAROIS PROPRES, SE CONFONDANT AVEC LA CAVITÉ VISCÉRALE.

Infusoires : La plupart ont une cavité digestive *à un ou à deux orifices : Cils circumbuccaux.*
Cœlentérés : Cavité digestive, *à un seul orifice,* qui souvent est entouré de tentacules.

CAVITÉ DIGESTIVE A PAROIS PROPRES.

TUBE DIGESTIF A UN SEUL ORIFICE.

Tube digestif simple...... Quelques Échinodermes (Ophiurides).

Tube digestif ramifié..... Trématodes (vers parasites). Turbellariés (vers vivant dans les eaux douces ou dans la mer).

TUBE DIGESTIF A DEUX ORIFICES.

Échinodermes.
Tube digestif, tantôt *court* et sacciforme (Étoiles de mer), tantôt *allongé* et replié sur lui-même (Oursins, Holothuries).
Chez les Oursins, il y a un appareil masticateur puissant (lanterne d'Aristote).

Vers.........
Bouche, tantôt située au centre d'une *ventouse* (Sangsues), tantôt entourée de *cirrhes* ou de *tentacules* (Annélides marins).
Tube digestif, allant d'une extrémité du corps à l'autre, muni quelquefois *d'appendices* considérés comme un appareil hépatique.

Arthropodes.
Bouche munie, chez les masticateurs, de *mandibules et de mâchoires* se mouvant *latéralement*, chez les succurs, *trompe renfermant souvent des stylets.*
Œsophage muni souvent de glandes salivaires. — Estomac quelquefois double (*jabot, gésier*).
Intestin droit ou flexueux, muni souvent de tubes hépatiques.
Chez Arachnides et Insectes, tubes nombreux, longs et étroits (*tubes de Malpighi*), débouchant dans l'intestin (on les considère comme des *organes urinaires*).

Mollusques...
Bouche, munie quelquefois de *bras* (Céphalopodes : Pieuvre, Seiche).
Pharynx armé souvent de mâchoires, muni souvent de glandes salivaires.
Estomac. — Intestin, à circonvolutions, entouré par un *foie volumineux* et se terminant le plus souvent non loin de la bouche.

Vertébrés....

Poissons.
Cavité buccale vaste, à dents nombreuses, implantées sur *tous les os de la bouche.* — Œsophage large, très court. — Estomac muni souvent de cœcums. — Intestin court. — Pas de glandes salivaires. — *Foie volumineux,* riche en graisse. — Pancréas souvent.

Amphibiens.
Dents sur *tous les os de la bouche.* — Œsophage court. — Estomac. — Intestin à circonvolutions, terminé par un *cloaque.* — Foie. — Pancréas.

Reptiles.
Dents nombreuses *sur les os de la bouche* (les tortues n'ont pas de dents). — Deux dents venimeuses en haut chez beaucoup de serpents. — Œsophage long, *extensible.* — Estomac. — Intestin court, terminé par un *cloaque.* — Glandes salivaires. — Foie. — Pancréas.

Oiseaux.
Bec corné, *sans dents.* — Jabot, ventricule succenturié, gésier. — Intestin court, à deux cœcums, terminé par un *cloaque.* — Glandes salivaires nombreuses. — Foie. — Pancréas.

Mammifères...
Tube digestif essentiellement *comme chez l'Homme.* — *Mâchoires seules garnies de dents:* Dentition variée. — Chez les Ruminants, estomac à quatre cavités : panse, bonnet, feuillet, caillette. — Longueur des intestins varie suivant le régime. — *Diaphragme* séparant cavité digestive de cavité respiratoire.

CIRCULATION LACUNAIRE.	**CIRCULATION ENTIÈREMENT LACUNAIRE.**	Ni cœur, ni vaisseaux.	Le sang est répandu dans des lacunes ou *intervalles* que laissent entre eux les différents organes. → *Protozoaires. Helminthes. Rotateurs. Acariens. Bryozoaires.*
		Cœur; pas de vaisseaux.	Le cœur a le plus souvent la forme d'un tube (*vaisseau dorsal*) divisé par étranglements, en chambres, dont chacune est munie d'une paire d'orifices latéraux. → *Crustacés inférieurs.* Ce tube pousse le sang d'arrière en avant. → *Insectes.*
	CIRCULATION LACUNO-VASCULAIRE.	Cœur, artères, pas de veines.	Vaisseau dorsal (sacciforme chez quelque Arthrostracés) déversant, par des vaisseaux artériels, le sang dans la cavité viscérale, d'où celui-ci revient au cœur par un système lacunaire. → *Arthrostracés. Arachnides. Myriapodes.*
		Cœur, artères, veines.	Cœur artériel ou gauche, envoyant le sang, par artères, dans lacunes, d'où il passe, par *veines afférentes*, dans les organes respiratoires; et de là, par *veines branchiales efférentes*, dans le cœur. → *Crustacés supérieurs.* À la place des lacunes, il y a un riche réseau capillaire chez les Céphalopodes (circulation close). → *Mollusques.*
CIRCULATION VASCULAIRE.	**CIRCULATION SIMPLE.**	Pas de cœur.	Deux troncs vasculaires longitudinaux, un *ventral* et un *dorsal*, communiquant ensemble par *anses terminales et latérales*. → *Annélides.* Le vaisseau dorsal pousse le sang d'arrière en avant, et le distribue aux organes : de là le sang pénètre dans le vaisseau ventral, où il circule d'avant en arrière. → *Amphioxus.*
		Cœur, une oreillette, un ventricule.	Cœur veineux ou droit : du ventricule le sang passe dans les branchies par *vaisseau ventral*, puis il est repris par vaisseaux efférents, dont la réunion forme l'aorte descendante qui le distribue aux organes : des organes le sang est ramené à l'oreillette par les quatre *veines cardinales*. → *Poissons. Larves jeunes d'Amphibiens*
	CIRCULATION DOUBLE.	Circul. incomplète. — Mélange des sangs veineux et artériel dans le cœur...	Un seul ventricule..... → *Dipnoïques. Amphibiens.* Deux ventricules à cloison de séparation perforée. → *Reptiles.*
		Circul. incomplète. — Mélange dans l'aorte descendante.	Deux ventricules à cloison imperforée. Chaque ventricule envoie une racine de l'aorte, recourbée du côté opposé. → *Crocodiliens.*
		Circ. complète. — Pas de mélange entre les sangs veineux et artériel.	Racine unique de l'aorte, recourbée en crosse du côté *droit*. → *Oiseaux.* Racine unique de l'aorte, recourbée en crosse du côté *gauche*. → *Mammifères.*

RESPIRATION AQUATIQUE.

R. CUTANÉE.

1° **Répandue partout également :** Les vaisseaux afférents et efférents s'épanouissent sous les différents points de la peau indistinctement.
- *Protozoaires.*
- *Helminthes, Rotateurs.*
- *Géphyriens.*
- *Annélides achètes et oligochètes.*

2° **Localisée en différents points :** Les vaisseaux afférents et efférents s'épanouissent surtout dans appendices externes, comme tentacules, pattes, etc.
- *Cœlentérés.*
- *Échinodermes* (en partie).
- *Crustacés inférieurs.* { Ostracodes. Copépodes. Cirrhipèdes.
- *Arachnides inférieurs.* { Linguatulides. Tardigrades. Acariens (en partie).
- *Molluscoïdes, quelques Mollusques.*

R. BRANCHIALE.

1° **Branchies externes :** Appendices spéciaux de formes variées (filiformes, penniformes, pectiniformes, dendritiformes, lamelliformes) formés d'une membrane, plongeant dans l'eau, membrane parcourue par ramifications d'un vaisseau *afférent* et d'un vaisseau *efférent*.
- *Échinodermes* (en partie).
- *Annélides polychètes.*
- *Crustacés supérieurs* (excepté Décapodes).

2° **Branchies internes :** Appendices analogues aux branchies externes, mais cachés sous des *opercules*.
- *Crustacés Décapodes.*
- *Mollusques* (excepté Gastéropodes pulmonés).
- *Tuniciers.*
- *Poissons.* — *Larves d'Amphibiens.*

RESPIRATION AÉRIENNE.

R. TRACHÉENNE.

1° **Branchies trachéennes :** Appendices externes, traversés par des tubes pleins d'air semblables en tout aux tubes trachéens ordinaires.
- *Larves d'Insectes aquatiques.*

2° **Trachées ordinaires :** Tubes pleins d'air, plus ou moins ramifiés, s'ouvrant à l'extérieur par des orifices (*stigmates*) et plongeant dans le liquide sanguin. Sur leur trajet, il y a souvent *vésicules trachéennes*.
- *Arachnides* (*partim*). { Acariens (en partie). Phalangides. Pseudoscorpionides. Solifuges.
- *Myriapodes.*
- *Insectes.*

R. PULMONAIRE.

1° **Poumons trachéens :** Sacs (deux ou quatre) formés d'un grand nombre de tubes aplatis, lamelleux, réunis comme les *feuillets* d'un livre : pleins d'air, débouchent au dehors par des stigmates.
- *Arachnides* (*partim*). { Aranéides. Scorpionides. Pédipalpes.

2° **Poumons vrais :** Sacs pleins d'air, s'ouvrant au dehors, à parois plus ou moins lobées et tapissées extérieurement par un réseau capillaire sanguin.
- *Gastéropodes pulmonés.*
- *Dipnoïques.*
- *Amphibiens ; Reptiles.*
- *Oiseaux ; Mammifères.*

RESPIRATION CHEZ LES VERTÉBRÉS.

Respiration exclusivement branchiale .... { *Poissons.* *Larves jeunes* de tous les Amphibiens.

Respiration à la fois branchiale et pulmonaire .... { *Dipnoïques* (*groupe de Poissons*). *Pérennibranches* (*groupe d'Amphibiens*). *Larves âgées* de tous les Amphibiens.

Respiration exclusivement pulmonaire .... { *Amphibiens adultes.* *Reptiles.* *Oiseaux.* *Mammifères.*

6

MARCHE ...	**ARTHROPODES TERRESTRES.**			Pattes articulées servant à la marche, au nombre de six (Insectes), de huit (Arachnides) ou davantage (Myriapodes). Adaptation des pattes à la nage (Insectes nageurs).
	MAMMIFÈRES...			Conformation de l'appareil locomoteur essentiellement comme chez l'homme.
		Adaptation à la nage.	*Cétacés.....*	Membres antérieurs transformés en nageoires; les postérieurs, rudimentaires. — Nageoire caudale horizontale.
			Pinnipèdes.	Membres courts, à cinq doigts armés de griffes et unis ensemble par peau coriace (transformés ainsi en nageoires). Les postérieurs sont dirigés en arrière.
		Adaptation au vol.	*Cheiroptères.*	Membranes cutanées, étendues entre les doigts de la main qui sont très longs, et entre les membres et les parties latérales du tronc.
VOL........	**INSECTES ......**			Ailes membraneuses (une paire ou deux paires) attachées au thorax : chaque aile est formée de deux lames soudées, entre lesquelles sont interposées les nervures.
	OISEAUX			Les os sont creusés de *cavités aériennes* qui rendent le corps plus léger. — Vertèbres dorsales et lombaires immobiles, donnant ainsi aux ailes un point d'appui fixe. — Sternum en carène (*bréchet*), pour servir d'insertion aux muscles des ailes. Aile formée par le membre antérieur, muni de replis cutanés et garni de plumes. — Humérus. — Radius, cubitus. — Deux os carpiens. — Trois os métacarpiens soudés ensemble en une seule pièce osseuse. Trois doigts : le médian, à deux phalanges; les autres, rudimentaires et n'ayant qu'une phalange. *Pennes rectrices*, fixées à la dernière vertèbre caudale, et servant de gouvernail.
NATATION..	**INFUSOIRES.....**			Ils progressent par contractilité générale du corps, aidée souvent par les mouvements d'appendices cuticulaires, appelés cils vibratiles.
	CŒLENTÉRÉS...			Les Cœlentérés, doués du pouvoir locomoteur, progressent par *contractilité* de l'*ombrelle* (Méduses) ou par les oscillations régulières de *palettes natatoires* placées sur la surface du corps en plusieurs rangées (Cténophores).
	VERS...........			Contractilité de couches musculaires longitudinales et annulaires, placées sous la peau, souvent aidée par soies, tentacules et cirrhes.
	CRUSTACÉS.....			Outre les pieds ambulatoires, il y a des pieds nageurs. Nageoires ayant la forme de pieds larges et foliacés ou de lames bifurquées. — Nageoire caudale.
	MOLLUSQUES...			Sur la face inférieure du corps, l'enveloppe musculo-cutanée constitue un organe plus ou moins saillant et de forme très diverse, appelé *pied* et au moyen duquel l'animal progresse (soit en nageant, soit en marchant). Chez les Ptéropodes, il y a deux grandes nageoires aliformes. Chez les Céphalopodes, il y a autour de la bouche huit *bras* groupés en cercle, qui servent à l'animal aussi bien à ramper et à nager qu'à s'emparer de sa proie.
	POISSONS........			Les organes locomoteurs sont les *muscles latéraux* s'étendant de chaque côté de la colonne vertébrale : ils fléchissent, par leurs contractions, alternativement à droite et à gauche, la partie postérieure du corps et font ainsi progresser l'animal, à la manière de rames. Les nageoires servent aussi à la locomotion : il y en a de deux sortes : 1° *Nageoires impaires* : dirigées verticalement, formées par replis cutanés renfermant des stylets osseux qui sont réunis aux apophyses épineuses de la colonne vertébrale au moyen des os interépineux. Il y en a trois : nageoire *dorsale*; nageoire *anale*; nageoire *caudale*. 2° *Nageoires paires* : il y en a deux paires, une paire de pectorales et une paire de ventrales : elles correspondent aux membres des autres Vertébrés et en renferment les parties essentielles.
REPTATION.	**VERS.**			Certains vers rampent par contractilité des couches musculaires sous-cutanées.
	MOLLUSQUES...			Certains mollusques (limace, escargot) rampent au moyen du pied.
	AMPHIBIENS ET REPTILES.			La plupart des Amphibiens et des Reptiles progressent plutôt par marche véritable que par reptation. Les Ophidiens (serpents), seuls, rampent réellement.

SYSTÈME NERVEUX NUL.	Pas de traces de ganglions nerveux ni de nerfs. Les propriétés du système nerveux appartiennent plus ou moins confusément à la substance fondamentale qui forme le corps de l'animal.	*Rhizopodes.— Infusoires. Spongiaires. Cestodes? Coralliaires?*
SYSTÈME NERVEUX RUDIMENTAIRE.	Une ou deux petites masses ganglionnaires d'où émanent des filets nerveux. Les ganglions nerveux, chez tous les animaux, sont composés principalement de *cellules nerveuses*.	*Vers inférieurs.* { *Helminthes. Rotateurs. Arachnides inférieurs (Acariens). Tuniciers.*
SYSTÈME NERVEUX A SYMÉTRIE RADIÉE.	*Anneau nerveux*, présentant de distance en distance des renflements ganglionnaires, d'où émanent les nerfs qui se distribuent aux différentes parties du corps.	*Cœlentérés* (la plupart). *Echinodermes.*
SYSTÈME NERVEUX ASYMÉTRIQUE.	*Trois paires de ganglions* au moins, disposées sans symétrie, réunies entre elles par des cordons nerveux, et envoyant les nerfs aux organes. *Collier œsophagien* formé par les commissures des deux premières paires de ganglions.	*Mollusques.*
SYSTÈME NERVEUX A SYMÉTRIE BILATÉRALE *Encéphale peu ou point différencié).*	Ganglion sus-œsophagien (cerveau), réuni par un anneau entourant l'œsophage (*collier œsophagien*) à une *chaîne ganglionnaire* située sous le tube digestif. Cette chaîne abdominale se compose de deux cordons nerveux parallèles, offrant de distance en distance des renflements ganglionnaires, et plus ou moins rapprochés l'un de l'autre sur la ligne médiane du corps : les ganglions peuvent être plus ou moins soudés ensemble, quelquefois même ils forment une masse unique. Des ganglions émanent les nerfs. Système nerveux sympathique, en rapport avec la chaîne ventrale.	*Vers supérieurs* { Géphyriens. Annélides. *Arthropodes.*
SYSTÈME NERVEUX A SYMÉTRIE BILATÉRALE *(Encéphale et moelle épinière bien différenciés).*	Système nerveux cérébro-spinal conformé d'une manière analogue à celui de l'Homme et situé tout entier, comme chez lui, au-dessus du tube digestif dans la région dorsale du corps....... Système nerveux sympathique.	Encéphale peu développé. Lobes olfactifs et optiques très développés (chez l'Amphioxus, pas de cerveau distinct). — *Poissons.* Système nerveux analogue à celui des Poissons, mais plus perfectionné. Lobes olfactifs et optiques et moelle très développés. — *Amphibiens.* Système nerveux supérieur à celui des Amphibiens. Hémisphères plus gros relativement. — *Reptiles.* Hémisphères lisses sans circonvolutions, *comme d'ailleurs chez les Vertébrés précédents.* Lobes optiques et cervelet très développés. Pas de pont de Varole. — *Oiseaux.* Lobes cérébraux et cérébelleux très développés. Cerveau à circonvolutions plus ou moins dessinées, excepté chez les Monotrèmes et les Marsupiaux qui en manquent. Lobes olfactifs et optiques peu développés. — *Mammifères.*

1° VISION.

INVERTÉBRÉS.

Yeux nuls........ Protozoaires. — La plupart des Cœlentérés. — Beaucoup d'Échinodermes. Acéphales parmi les Mollusques.

Yeux rudimentaires. Simples taches de pigment recouvertes quelquefois d'un corps réfringent.... Méduses (Cœlentérés). Échinodermes (partim). Vers. Beaucoup de Mollusques. Tuniciers.

Yeux bien différenciés.

Yeux simples. Cornée transparente.... Cristallin. — Corps vitré. Rétine. — Membrane pigmentaire (choroïde). — Céphalopodes (Mollusques). Myriapodes. Arachnides. Larves d'insectes.

Yeux composés. Faisceau de baguettes comprenant chacune : cornée, cône cristallin, cône nerveux.............. Crustacés. Insectes adultes.

VERTÉBRÉS....

Composition de l'œil essentiellement comme chez l'Homme, à part quelques modifications secondaires, spéciales à chaque classe et indiquées ci-contre......

Poissons..... Ni paupières, ni appareil lacrymal. Souvent une partie de la choroïde manque de pigment (tapis).

Amphibiens.. Yeux quelquefois rudimentaires et sous-cutanés (Protées, Cécilies). Paupières manquent quelquefois. Chez Anoures, membrane nictitante.

Reptiles...... Chez Serpents et Geckos, pas de paupières. La plupart des autres en ont trois.

Oiseaux...... Trois paupières. — Sclérotique ossifiée par devant en un anneau solide. Peigne : portion de la choroïde qui traverse la rétine et le corps vitré.

Mammifères . Membrane nictitante souvent rudimentaire. — Souvent tapis.

2° AUDITION.

INVERTÉBRÉS. Beaucoup d'Invertébrés n'ont pas d'appareil spécial pour l'audition. Chez ceux qui en sont doués (Crustacés, Mollusques, ...), il correspond au vestibule des Vertébrés supérieurs et se compose d'une vésicule (otocyste), remplie d'un liquide spécial (endolymphe) dans lequel se trouvent un ou deux corps pierreux (otolithes).

VERTÉBRÉS....

Poissons..... Vestibule. — Canaux semi-circulaires (presque toujours). — Jamais de limaçon.

Amphibiens.. Vestibule. — Canaux semi-circulaires. — Pas de limaçon. — Caisse du tympan.

Reptiles...... Vestibule. — Canaux semi-circulaires. — Limaçon rudimentaire. — Caisse du tympan (manque souvent).

Oiseaux...... Vestibule. — Canaux semi-circulaires. — Limaçon rudimentaire. Caisse du tympan. — Conduit auditif externe.

Mammifères . Même structure essentielle que chez l'Homme.

3° OLFACTION.

INVERTÉBRÉS. Beaucoup d'Invertébrés n'ont pas d'appareil olfactif. Chez ceux qui en ont, il consiste en fossettes tapissées de cellules épithéliales vibratiles, pourvues d'un nerf spécial. — Chez Arthropodes, l'olfaction réside dans les antennes.

VERTÉBRÉS.... Chez tous les Poissons, excepté chez les Dipnoïques, les fosses nasales ne communiquent pas avec l'arrière-bouche et sont terminées en cul-de-sac; chez Amphioxus et Cyclostomes, il n'y a qu'une fosse nasale. Chez les Oiseaux, les fosses nasales sont souvent séparées seulement par cloison incomplète.

4° GUSTATION.

INVERTÉBRÉS. Beaucoup paraissent être dépourvus d'organes du goût : chez ceux qui possèdent ce sens, le siège en est encore mal déterminé.

VERTÉBRÉS.... Le goût, comme chez l'Homme, a son siège dans la muqueuse de la langue et du palais.

5° TOUCHER.

INVERTÉBRÉS. Le toucher est exercé par l'appareil tégumentaire et surtout par les appendices, s'il y en a (bras, tentacules, antennes, etc.).

VERTÉBRÉS.... La peau est l'organe du toucher : elle est le plus souvent recouverte d'écailles, de plumes ou de poils.

CELLULE ET TISSUS VÉGÉTAUX.

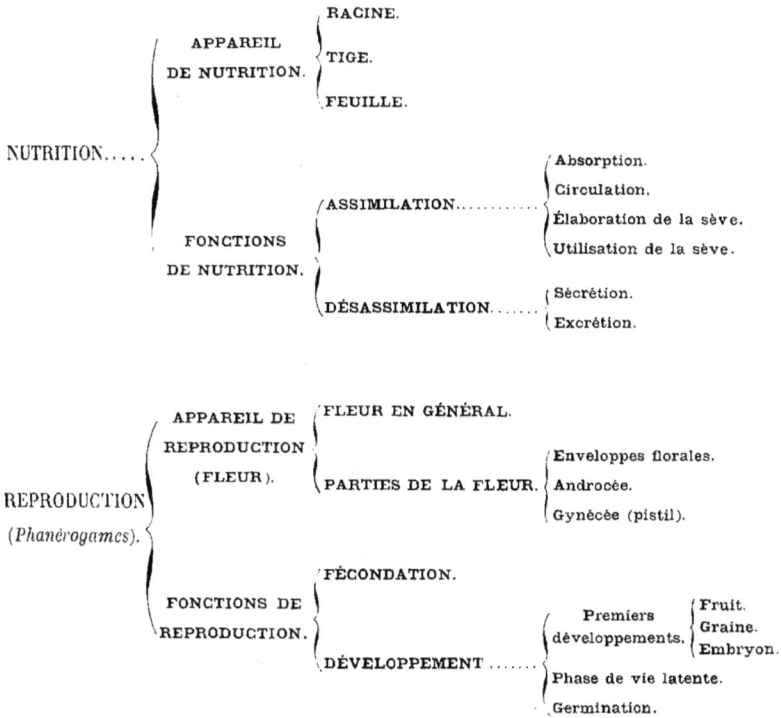

NUTRITION.....

APPAREIL DE NUTRITION.
- RACINE.
- TIGE.
- FEUILLE.

FONCTIONS DE NUTRITION.

ASSIMILATION...........
- Absorption.
- Circulation.
- Élaboration de la sève.
- Utilisation de la sève.

DÉSASSIMILATION.......
- Sécrétion.
- Excrétion.

REPRODUCTION (Phanérogames).

APPAREIL DE REPRODUCTION (FLEUR).
- FLEUR EN GÉNÉRAL.
- PARTIES DE LA FLEUR.
  - Enveloppes florales.
  - Androcée.
  - Gynécée (pistil).

FONCTIONS DE REPRODUCTION.

FÉCONDATION.

DÉVELOPPEMENT ....
- Premiers développements.
  - Fruit.
  - Graine.
  - Embryon.
- Phase de vie latente.
- Germination.

CLASSIFICATION DES VÉGÉTAUX.

MODIFICATIONS DE LA NUTRITION ET DE LA REPRODUCTION DANS LA SÉRIE VÉGÉTALE.

PROTOPLASMA.

PROTOPLASMA FONDAMENTAL.

- Structure...
  - Substance amorphe, parsemée de granulations de consistance variable, souvent gélatineuse, renfermant souvent des produits secondaires.
  - Élément essentiel de la cellule *vivante*.
- Composition chimique.
  - Substances albuminoïdes.
  - Substances ternaires, grasses et amylacées.
  - Substances minérales.
- Propriétés..
  - Irritabilité.
  - Mouvement *intra-cellulaire*.
  - Mouvement *amiboïde* : Myxomycètes.
  - Motilité.
    - Mouvement *contractile*.
      - Bactéries.
      - Oscillaires.
      - Diatomées.
      - Desmidiées.
    - Mouvement *ciliaire*.
      - Zoospores.
      - Anthérozoïdes.

PRODUITS PROTOPLASMIQUES.

- Chlorophylle ....
  - Substance répandue dans le protoplasma ordinairement sous forme de petits grains, produisant la *coloration verte*.
- Aleurone........
  - Substance de *réserve*, azotée, contenue dans graines sous formes de granules.
- Cristalloïdes protéiques.
  - Matière albuminoïde à forme cristalline.
- Amidon.........
  - Substance de *réserve*; composition ternaire : $(C^{12}H^{10}O^{10})^5$.
  - Forme de grain à couches concentriques.
- Corps gras......
  - Substance d'*élimination* ou de *réserve*, (composition ternaire) formée par la combinaison de glycérine et d'acides gras.
- Huiles essentielles.
  - Formées principalement par carbures d'hydrogène : l'oxydation les transforme en *oléorésines* et *résines*.
- Corps minéraux. | Cristallisés ou amorphes.

SUC CELLULAIRE.

Liquide contenu dans des cavités (*vacuoles*) creusées au sein du protoplasma et renfermant en dissolution : ferments, alcalis (Papavéracées, Quinquinas, Solanées), matières colorantes (surtout dans les fleurs), inuline, gommes, matières sucrées, acides organiques, sels minéraux.

NOYAU.

Petit corps, enveloppé par le protoplasma, et doué souvent de mouvement amiboïde.
Il renferme un ou plusieurs *nucléoles*.
Il est de composition azotée (*nucléine*).

MEMBRANE CELLULAIRE.

NATURE...........
- Enveloppe solide, élastique et perméable, existant presque toujours.
- Elle peut éprouver la *liquéfaction* ou la *gélification*.
- De composition organique, elle s'incruste souvent de matières minérales.

COMPOSITION......
- Cellulose : $(C^{12}H^{10}O^{10})^n$.
  - Épiderme (*cutinisation, cérification, minéralisation*).
  - Parenchyme.
  - Vaisseaux libériens.
- Cutine : $C^{12}H^{10}O^2$ ......
  - Cuticule (*souvent minéralisée et cérifiée*).
- Subérine : analogue à cutine ....
  - Liège.
- Lignine : $C^{19}H^{12}O^{10}$ ....
  - Parenchyme scléreux.
  - Sclérenchyme (*souvent minéralisation*).
  - Tissu ligneux.

ÉPAISSISSEMENT.
- Épaississement égal.
  - Cellules lisses sans creux ni relief.
- Épaississement inégal.
  - *Sculpture en relief*.
    - Cellules annelées.
    - Cellules spiralées.
    - Cellules rayées.
    - Cellules scalariformes.
  - *Sculpture en creux*.
    - Cellules ponctuées.
    - Cellules aréolées.
    - Cellules criblées.

TISSUS A CELLULES VIVANTES.

ÉPIDERME ....

- **Cellules épidermiques.** — Cellules formées de cellulose, intimement unies ensemble, formant ordinairement une seule assise, recouvrant toutes les parties de la plante, hors la racine. La surface extérieure de l'épiderme est cutinisée (*cuticule*). Il y a souvent aussi minéralisation, quelquefois cérification.

- **Poils épidermiques.** — Prolongements de l'épiderme. Unicellulaires ou multicellulaires. Simples ou ramifiés. Poils glanduleux (Labiées). Poils urticants (ortie).

- **Stomates** ..... — Un stomate est un orifice elliptique, bordé par deux *cellules stomatiques* réniformes, faisant communiquer l'atmosphère extérieure avec la *chambre sous-stomatique* et par elle avec tous les *espaces intercellulaires*.

LIÈGE .... — Tissu de cellules *subérifiées*, parallélipipédiques, régulièrement disposées en couches, intimement unies entre elles sans laisser de méats. Ce tissu se forme surtout sous l'assise externe de la tige et de la racine.

PARENCHYME ...... — Cellules à membrane formée par cellulose et ordinairement munie de *ponctuations*, laissant souvent entre elles des *méats* ou des *lacunes*. Le parenchyme contient souvent des grains de chlorophylle, de l'amidon, des corps gras ou de l'eau. Ce tissu accomplit les phénomènes assimilateurs et renferme les matériaux de réserve.

TISSUS A CELLULES MORTES.

SCLÉRENCHYME ...

- **Sclérenchyme à éléments courts.** — Cellules, sans protoplasma, à membrane *épaissie* et *lignifiée*, *courtes* ou un peu allongées, non terminées en pointe.

- **Sclérenchyme à éléments longs (Fibres).** — Cellules à membrane fortement *épaissie* et *lignifiée*, à cavité intérieure très étroite, quelquefois oblitérée, *allongées* et terminées *en pointe* aux deux bouts. Principal tissu de soutien.

TUBES LIBÉRIENS. — Élément fondamental du *liber* des plantes vasculaires. Cellules, à membrane molle et formée de *cellulose pure*, allongées et *criblées de pores* : elles sont superposées en files longitudinales. Ces files sont le plus souvent réunies en assise ou en faisceau. Les pores, qui font communiquer les cellules les unes aux autres longitudinalement et transversalement, se ferment en automne et en hiver.

TUBES LIGNEUX ... — Élément fondamental du *bois* des plantes vasculaires. Cellules, à membrane *lignifiée* et souvent *minéralisée*, cylindriques, allongées, et superposées en files longitudinales. Ces vaisseaux, ainsi formés, sont le plus souvent réunis en couches ou en faisceaux. Ils peuvent être *ouverts*, les cloisons transversales disparaissant; le plus souvent ils restent *fermés*, mais dans ce cas les cloisons transversales sont minces. Vaisseaux ponctués, scalariformes, annelés, spiralés, réticulés, suivant la structure des cellules dont ils sont formés.

MORPHOLOGIE.

- **PARTIES DE LA RACINE.**
  - Collet.
  - Corps de la racine.
  - Radicelles...
    - *Région des poils.* — Chute continuelle des poils anciens. / Formation continuelle de poils nouveaux.
    - *Piléorhize* ...... — Chute et régénération continuelle des cellules de la coiffe. / Rôle protecteur.

- **FORME** ....
  - Pivotantes (simples ou rameuses). Surtout Dicotylédones.
  - Fasciculées : Surtout Monocotylédones.
  - Tubériformes.
  - Adventices.. — Racines aériennes naissant des nœuds de la tige, au-dessus du sol, et restant libres ou allant se fixer en terre.

- **STRUCTURE** ....
  - Structure primaire.
    - Écorce .... — Assise pilifère. / Assise subéreuse. / Parenchyme cortical. / Endoderme.
    - Cylindre central. — Assise périphérique. / Faisceaux libériens.... (séparés, en nombre égal et alternant ensemble.) / Faisceaux ligneux..... / Parenchyme conjonctif (moelle et rayons médullaires).
  - Formations secondaires.
    - Liège.......... , Formation de liège dans l'écorce.
    - Faisceaux libéroligneux. — Formation de faisceaux libéroligneux à l'intérieur du liber primaire et à l'extérieur du bois primaire. / Faisceaux continus ou discontinus.

- **CROISSANCE** ...
  - Croissance en longueur. — L'allongement se fait près du sommet, dans la région enveloppée par la piléorhize.
  - Croissance en épaisseur. — L'épaississement est dû aux *formations secondaires* et se rencontre seulement chez les Gymnospermes et chez la plupart des Dicotylédones. Il n'y a pas de formations secondaires chez les Monocotylédones.

PHYSIOLOGIE ..

- **MOUVEMENTS DE LA RACINE.**
  - Mouvements géotropiques (géotropisme positif).
  - Mouvements héliotropiques (héliotropisme négatif).
  - Mouvements hydrotropiques (hydrotropisme positif).
  - Mouvements thermotropiques. — Concavité de la courbure est tournée vers la température la plus *éloignée de l'optimum.*
  - Mouvements de circumnutation. — En vertu de ce mouvement, le sommet de la racine, pendant sa croissance, décrit une *hélice descendante.*

- **FONCTIONS DE LA RACINE.**
  - Absorption des matières nutritives : *Voir Nutrition des végétaux.*
  - Fixation de la plante au sol.
  - Accumulation de réserves : *Voir Nutrition des végétaux.*

MORPHOLOGIE.

MODE DE VÉGÉTATION

- T. aériennes.
  - T. dressées.
    - Tige proprement dite (simple ou ramifiée).
    - Tronc.
    - Stipe
    - Chaume.
  - T. rampantes.
  - T. grimpantes.
    - T. volubiles.
    - T. à vrilles, à crampons, à crochets.
- T. souterraines.
  - Rhizomes (Rameaux aériens latéraux ou terminaux).
  - Tubercules.
  - Bulbes (*Plateau, écailles, bourgeon central*).
- T. aquatiques.

STRUCTURE.

- Structure primaire.
  - Epiderme.
  - Écorce.
    - Couche subéreuse (colorée en brun).
    - Couche herbacée (colorée en vert).
  - Cylindre central.
    - Faisceaux libéro-ligneux.
      - *Liber.*
        - Tubes criblés.
        - Fibres libériennes.
        - Parenchyme libérien.
      - Zone génératrice (cambium).
      - *Bois.*
        - Vaisseaux ligneux.
        - Fibres ligneuses.
        - Parenchyme ligneux.
    - Parenchyme conjonctif.
      - Assise périphérique.
      - Rayons médullaires.
      - Moelle centrale.
- Formations secondaires.
  - Formations dans l'écorce.
    - Une assise génératrice située dans l'écorce primaire, produit, chaque année, *en dehors*, du liège, et, *en dedans*, de l'écorce secondaire.
    - Tout ce qui se trouve en dehors du liège secondaire dépérit et meurt (*rhytidome* persistant ou caduc).
  - Formations dans le cyl. central.
    - Une assise génératrice, située entre le liber et le bois primaire, produit chaque année, *en dehors*, du liber, *en dedans*, du bois secondaire.
    - Distinction des *couches annuelles du bois.*
    - Aubier et cœur du bois.

CROISSANCE.

- Allongement.
  - A. terminal.
    - Développement lent du *bourgeon terminal* (extrémité de la tige recouverte par jeunes feuilles imbriquées).
  - A. intercalaire.
    - Allongement des *entre-nœuds*, après leur sortie du bourgeon terminal.
- Épaississement.
  - L'épaississement est dû aux *formations secondaires.* Ces tissus secondaires ne se forment que chez les Gymnospermes et la plupart des Dicotylédones.

DURÉE.

- T. Monocarpique.
  - Annuelle
  - Bisannuelle.
  - Pluriannuelle.
- T. Polycarpique.
  - Vivace.

Métamorphose des rameaux.
- Cladodes.
- Vrilles.
- Épines.

PHYSIOLOGIE.

MOUVEMENTS DE LA TIGE.

- Mouvements géotropiques (Géotropisme négatif).
- M. héliotropiques (Héliotropisme tantôt positif, tantôt négatif).
- M. thermotropiques.
  - Courbure thermotropique dirigeant sa concavité vers la température la plus éloignée de l'*optimum*.
- M. hydrotropiques (Hydrotropisme ordinairement négatif).
- M. de circumnutation : fait décrire à l'extrémité de la tige une *hélice* ascendante.
- M. des tiges grimpantes.

FONCTIONS.

- Transport de la sève.
  - La sève brute est transportée par les vaisseaux du bois.
  - La sève élaborée est transportée par les tubes criblés du liber.
- Support commun des **autres organes.**
- Accumulation de Réserves. *V. Nutrition.*

7

MORPHOLOGIE.

PARTIES DE LA FEUILLE.
- Gaîne : base dilatée de la feuille embrassant la tige ; *manque souvent.*
- Stipules : appendices foliacés, à la base du pétiole ; *manquent souvent.*
- Pétiole : support du limbe ; manque quelquefois (*feuille sessile*).
- Limbe : partie principale ; peut manquer (Lathyrus aphaca).

FORME
- Feuille simple....
  - Feuille entière (le contour forme un dessin très variable).
  - Feuille découpée (différents degrés de découpure).
- Feuille composée.
  - Feuille pennée.
  - Feuille palmée.

STRUCTURE.
- PÉTIOLE.
  - Épiderme.
  - Parenchyme, peu abondant.
  - Faisceaux libéroligneux.
- LIMBE...
  - Épiderme.....
    - Cellules épidermiques.
    - Cuticule.
    - Poils.
    - Stomates.....
      - *Structure* ....
        - Ostiole.
        - Cellules de bordure.
        - Chambre respiratoire.
      - *Modification* .
        - Feuilles aériennes.
        - Feuilles flottantes.
        - Feuilles submergées.
      - *Genres* ....
        - Stomates aérifères.
        - Stomates aquifères.
  - Parenchyme.
    - *Variétés*......
      - *Parenchyme homogène.*
      - *Parenchyme hétérogène.*
        - Parenchyme palissadique (en haut).
        - P. lacunaire (en bas).
      - *Parenchyme rudimentaire.*
        - Feuilles submergées souvent réduites à leurs nervures.
    - *Coloration* ...
      - *Coloration verte.*
        - Grains de chlorophylle.
      - *Coloration automnale.*
        - Destruction de la chlorophylle.
        - Formation de pigments.
        - Action de champignons inférieurs.
  - Nervures.....
    - Composition . | Faisceaux libéroligneux.
    - Disposition ..
      - *Nervures parallèles.*
        - Feuille rectinerve.
        - Feuille curvinerve.
      - *Nervures divergentes.*
        - Feuille penninerve.
        - Feuille palminerve.

DISPOSITION..
- Feuilles isolées.
  - *Spire :* portion de spirale, comprenant un tour de circonférence.
  - *Cycle :* nombre de spires entre deux feuilles correspondantes.
  - *Divergence :* angle formé par deux feuilles consécutives.
- Feuilles verticillées.

ÉVOLUTION ...
- Origine.......... | Les feuilles naissent dans les bourgeons (*préfoliation*).
- Croissance......
  - Croissance *terminale*, de très courte durée.
  - Croissance *intercalaire*.
    - Les régions de croissance varient.
    - Le pétiole apparaît après le limbe.
- Métamorphoses.
  - Feuilles avortées (écailles des rhizomes, Ruscus, Asperge).
  - Feuilles protectrices (écailles des bourgeons).
  - Feuilles nourricières (feuilles grasses, bulbes).
  - Feuilles-épines, feuilles-vrilles, feuilles ascidies.
- Durée .... | Caduques. — Marcescentes. — Persistantes.

PHYSIOLOGIE.

MOUVEMENTS DES FEUILLES.
- Pendant la croissance.
  - M. de nutation.
  - M. géotropiques.
  - M. héliotropiques.
  - *Ils concourent à donner à la feuille sa direction fixe dans l'espace.*
- Après leur développement.
  - M. périodiques spontanés.
  - M. nyctitropiques.
  - M. provoqués.
  - *Ils altèrent momentanément la position de la feuille.*

FONCTIONS DES FEUILLES.
- Transpiration.
- Respiration.
- Assimilation du carbone (*fonction chlorophyllienne*).

ABSORPTION.

- **ABSORPTION PAR LES RACINES**
  - **Matières absorbées.**
    - *Gaz* ...... | Oxygène.
    - *Liquides.* | Eau et sels dissous.
    - *Solides.* { Certains sels que digère un liquide acide émis par la racine.
  - **Siège de l'absorption** | Poils radicaux.
  - **Mécanisme** { Endosmose. — Diffusion. La consommation règle l'absorption.
- **ABSORPTION PAR LES FEUILLES**
  - **Matières absorbées.**
    - Carbone de CO^2 de l'air (*fonction chlorophyllienne*).
    - Traces de nitrates et de sels ammoniacaux.
    - Matières animales chez Plantes *carnivores*.
  - **Siège de l'absorption** | Stomates.
  - **Mécanisme** { Endosmose. — Diffusion. La consommation règle l'absorption.

CIRCULATION.

- **CIRCULATION DE LA SÈVE BRUTE**
  - **Siège de la circulation** { La sève brute ou ascendante se rend de la racine aux feuilles par les *vaisseaux ligneux*.
  - **Causes de l'ascension** { Tension des cellules de la racine. Capillarité des vaisseaux. Évaporation par les feuilles.
- **CIRCULATION DE LA SÈVE ÉLABORÉE**
  - **Siège de la circulation** { La sève élaborée par les feuilles circule par les *tubes criblés* du liber.
  - **Direction suivie** { La sève élaborée (nourricière) se dirige vers les organes en voie de *croissance* et vers ceux où se forment des *réserves*.

ÉLABORATION DE LA SÈVE PAR LES FEUILLES.

- **RESPIRATION.**
  - **Nature de la respiration** { Absorption de O et dégagement de CO^2 par les feuilles et par toutes les autres parties de la plante (*vertes ou non*), *en tout temps*.
  - **Rôle de la respiration** { Entretien des *combustions* organiques nécessaires à la vie. Production de *chaleur sensible* (surtout fleurs, graines). Production (quelquefois) de *lumière* (*phosphorescence*).
- **FONCTION CHLOROPHYLLIENNE.**
  - La chlorophylle des feuilles et de toutes les *autres parties vertes* de la plante décompose, sous l'action de la lumière directe ou diffuse, l'acide carbonique de l'air pour *s'assimiler le carbone* : c'est donc une fonction de nutrition.
  - La respiration et la fonction chlorophyllienne, étant deux fonctions contraires, ont une *résultante* qui peut varier de trois manières différentes, suivant que la première fonction l'emporte sur la seconde, ou la seconde sur la première, ou que ces fonctions se neutralisent.
- **TRANSPIRATION**
  - **Modes.**
    - **Transpiration normale** { Dégagement de vapeur d'eau par les feuilles surtout.
    - **Transpiration anormale** { Pleurs. Miellée. Nectar.
  - **Causes activant la transpiration** { Sécheresse de l'air. Chaleur. Lumière.
  - **Rôle** { Débarrasser la plante de l'excès d'eau qui a servi de véhicule aux matières nutritives.

ASSIMILATION (*Suite*).

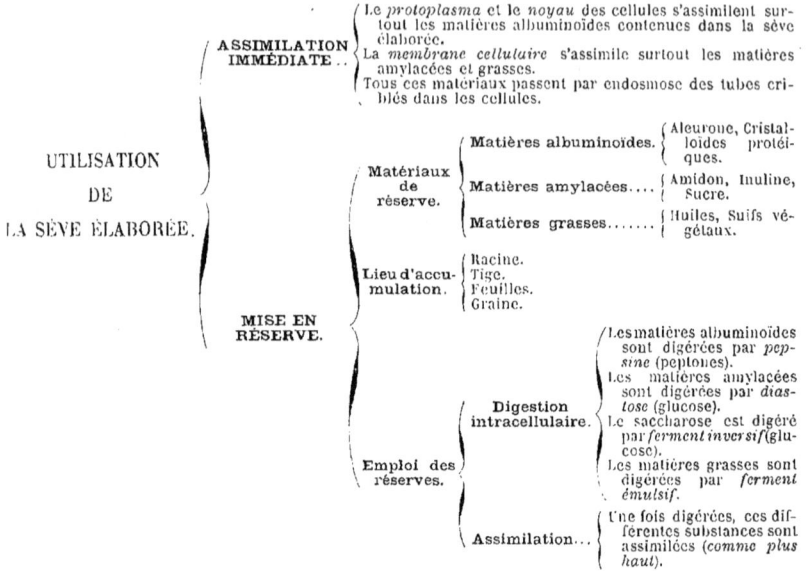

ASSIMILATION IMMÉDIATE ..
Le *protoplasma* et le *noyau* des cellules s'assimilent surtout les matières albuminoïdes contenues dans la sève élaborée.
La *membrane cellulaire* s'assimile surtout les matières amylacées et grasses.
Tous ces matériaux passent par endosmose des tubes criblés dans les cellules.

UTILISATION DE LA SÈVE ÉLABORÉE.

MISE EN RÉSERVE.

Matériaux de réserve.
Matières albuminoïdes. { Aleurone, Cristalloïdes protéiques.
Matières amylacées.... { Amidon, Inuline, Sucre.
Matières grasses....... { Huiles, Suifs végétaux.

Lieu d'accumulation. { Racine. Tige. Feuilles. Graine.

Emploi des réserves.

Digestion intracellulaire.
Les matières albuminoïdes sont digérées par *pepsine* (peptones).
Les matières amylacées sont digérées par *diastose* (glucose).
Le saccharose est digéré par *ferment inversif* (glucose).
Les matières grasses sont digérées par *ferment émulsif*.

Assimilation...
Une fois digérées, ces différentes substances sont assimilées (*comme plus haut*).

DÉSASSIMILATION.

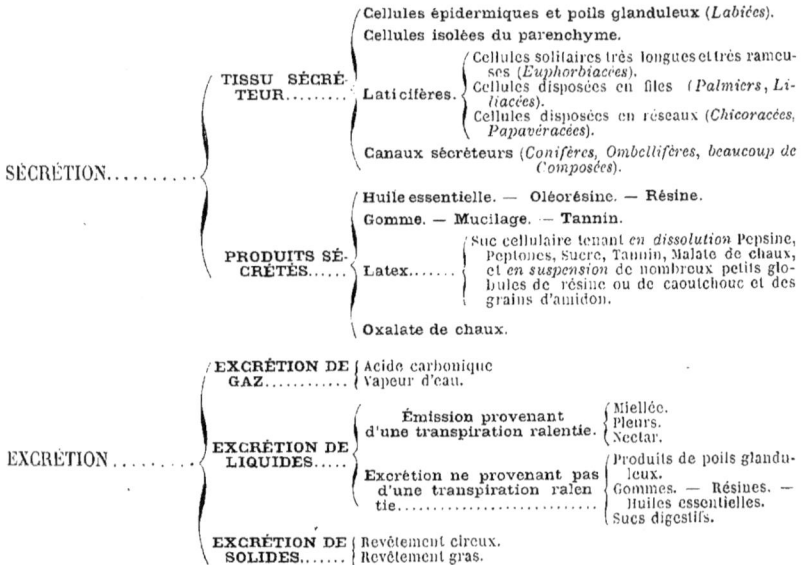

SÉCRÉTION..........

TISSU SÉCRÉTEUR.........
Cellules épidermiques et poils glanduleux (*Labiées*).
Cellules isolées du parenchyme.
Laticifères.
Cellules solitaires très longues et très rameuses (*Euphorbiacées*).
Cellules disposées en files (*Palmiers, Liliacées*).
Cellules disposées en réseaux (*Chicoracées, Papavéracées*).
Canaux sécréteurs (*Conifères, Ombellifères, beaucoup de Composées*).

PRODUITS SÉCRÉTÉS......
Huile essentielle. — Oléorésine. — Résine.
Gomme. — Mucilage. — Tannin.
Latex.......
Suc cellulaire tenant *en dissolution* Pepsine, Peptones, Sucre, Tannin, Malate de chaux, et *en suspension* de nombreux petits globules de résine ou de caoutchouc et des grains d'amidon.
Oxalate de chaux.

EXCRÉTION ....

EXCRÉTION DE GAZ........... { Acide carbonique Vapeur d'eau.

EXCRÉTION DE LIQUIDES.....
Émission provenant d'une transpiration ralentie. { Miellée. Pleurs. Nectar.
Excrétion ne provenant pas d'une transpiration ralentie......................
Produits de poils glanduleux.
Gommes. — Résines. — Huiles essentielles.
Sucs digestifs.

EXCRÉTION DE SOLIDES....... { Revêtement cireux. Revêtement gras.

COMPOSITION DE LA FLEUR.

- **PARTIES DE LA FLEUR.**
  - **Bractées ...**
    - Bractées ordinaires.
    - Spathe.
    - Involucre. — Cupule.
  - **Pédoncule.**
    - C'est le rameau florifère.
    - Son sommet (*aplati, concave ou convexe*), sur lequel s'insèrent les feuilles florales, est appelé *réceptacle*.
  - **Enveloppes florales.**
    - *Calice* formé par les sépales.
    - *Corolle* formée par les pétales.
  - **Organes sexuels.**
    - *Androcée* formé par les étamines.
    - *Gynécée* ou *pistil* formé par les carpelles.
- **ORIGINE DES PARTIES DE LA FLEUR...**
  - **Principe ...** Bractées, sépales, pétales, étamines et carpelles sont des feuilles transformées.
  - **Preuves....**
    - **Preuves morphologiques.**
      - *Fleurs normales.*
        - Formes de transition entre les feuilles ordinaires et les parties de la fleur.
        - Passage insensible des parties de la fleur les unes aux autres.
      - *Fleurs anormales.*
        - Métamorphose *progressive.*
        - Métamorphose *régressive.*
    - **Preuve anatomique.** Analogie de structure entre les feuilles ordinaires et les parties de la fleur (feuilles florales).

MODIFICATIONS DE LA FLEUR.

- **PÉRIANTHE.**
  - Fleurs apérianthées.
  - Fleurs monopérianthées.
  - Fleurs dipérianthées.
- **SEXUALITÉ.**
  - **Sexualité de la Fleur..**
    - *Fleur bisexuée* (Hermaphrodite).
    - *Fleur unisexuée.*
      - Fleur mâle (à étamines).
      - Fleur femelle (à pistil).
  - **Sexualité de la Plante.**
    - *Plante bisexuée.*
      - Plante hermaphrodite.
      - Plante polygame.
      - Plante monoïque.
    - *Plante unisexuée.*
      - Plante dioïque.
- **LONGUEUR DU STYLE.**
  - Fleurs homostylées.
  - Fleurs hétérostylées.
    - Fleurs brévistyles.
    - Fleurs longistyles.
- **ÉPANOUISSEMENT.**
  - Fleurs épanouies.
  - Fleurs cléistogames.

DISPOSITION DES PIÈCES FLORALES DANS LA FLEUR.

- **DISPOSITION VERTICILLÉE.**
  - **Nombre des verticilles.** Il peut y en avoir un, deux, trois, quatre ou même davantage.
  - **Nombre des pièces dans chaque verticille.**
    - Type *trimère*, surtout chez Monocotylédones.
    - Type *tétramère*
    - Type *pentamère* surtout chez Dicotylédones.
  - **Relation de position...**
    - Verticilles alternes; c'est le cas le plus ordinaire.
    - Verticilles superposés.
- **DISPOSITION SPIRALÉE.** Analogue à celle des feuilles, mais la spirale est ici *très surbaissée*, car les pièces florales sont très rapprochées et très serrées.

DISPOSITION DES FLEURS SUR LA PLANTE (INFLORESCENCE).

- **INFLORESCENCES ISOLÉES.**
  - Terminales.
  - Axillaires.
- **INFLORESCENCES GROUPÉES.**
  - **Inflorescences simples.**
    - *Indéfinies..*
      - Grappe. — Épi.
      - Corymbe.
      - Ombelle. — Capitule .
    - *Définies....*
      - Cyme bipare (*Dichotomie*).
      - Cyme { C. scorpioïde.
      - unipare. { C. hélicoïde.
  - **Inflorescences composées ....**
    - Inflorescences indéfinies combinées ensemble.
    - Inflorescences définies combinées ensemble.
    - Inflorescences indéfinies combinées avec inflorescences définies.

CALICE...

- **FORME** ....
  - Dialysépale... | Régulier ou irrégulier.
  - Gamosépale... | Régulier ou irrégulier.

- **STRUCTURE** .....
  - Épiderme, à stomates.
  - Parenchyme, contenant ordinairement de la chlorophylle.
  - Nervures, formées par faisceaux libéroligneux.

- **DURÉE** ....
  - Durée courte.
    - Calice fugace.
    - Calice caduc.
  - Durée longue (*persistant*).
    - Calice marcescent.
    - Calice accrescent.

- **MOUVEMENTS** ..
  - Mouvement d'épanouissement.
  - Mouvements spontanés périodiques.

COROLLE.

- **FORME** ....
  - Dialypétale...
    - Régulière ..
      - Corolle cruciforme.
      - Corolle rosacée.
      - Corolle caryophyllée.
    - Irrégulière.
      - Corolle papilionacée.
      - Autres formes nombreuses.
  - Gamopétale...
    - Régulière .. | Formes nombreuses.
    - Irrégulière.
      - Corolle ligulée.
      - Corolle labiée.
      - Corolle personnée.

- **STRUCTURE** .....
  - Épiderme .....
    - Cellules à stomates.
    - Le *velouté* des fleurs est dû à des saillies ou à des papilles des cellules épidermiques.
  - Parenchyme ..
    - Parenchyme homogène.
    - *Couleurs* sont dues à pigments divers dissous dans suc cellulaire.
    - *Odeurs* sont dues à huiles essentielles sécrétées par cellules.
  - Nervures ...... | Formées par faisceaux libéroligneux.

- **PRÉFLORAISON.**
  - Préfloraison spiralée.
    - Imbriquée.
    - Convolutive.
    - Tordue.
  - Préfloraison valvaire.

- **DURÉE** ....
  - Corolle caduque.
  - Corolle persistante.

- **MOUVEMENTS** ..
  - Mouvement d'épanouissement.
  - Mouvements spontanés périodiques.

- **ROLE** ....
  - Appareil *protecteur* des organes sexuels.
  - Appareil d'*attraction des insectes* par couleur, odeur et nectar, renfermé dans nectaires (utilité pour la fécondation).

PARTIES CONSTITUTIVES DE L'ÉTAMINE.

- **FILET.........** Pétiole de la feuille staminale. / Structure analogue à celle d'un pétiole.

- **CONNECTIF.** Limbe de la feuille staminale, ordinairement atrophié, bien développé chez Gymnospermes. / Structure analogue à celle d'un limbe foliaire.

- **ANTHÈRE...**
  - **Forme...........** Anthère se compose de *quatre sacs polliniques* formant ordinairement *deux loges* à la maturité. Elle est adnée ou oscillante.
  - **Structure.......** Épiderme (exothèque). Parenchyme se compose d'abord d'au moins trois assises, qui, toutes, excepté l'externe, disparaissent pour nourrir les grains de pollen : l'externe persiste et forme un tissu à cellules fibreuses, à parois inégalement épaissies en bandes rigides.
  - **Déhiscence......** Longitudinale (*introrse, extrorse* ou *latérale*). Transversale. — Poricide. — Operculaire.

- **POLLEN....**
  - **Structure.......** Grain de pollen est une cellule à l'état de vie ralentie. Le *protoplasma* de cette cellule, pauvre en eau, contient des matériaux de réserve et de nombreuses granulations (fovilla). La *membrane* est différenciée en deux couches : l'*intine*, mince, extensible, et formée de cellulose pure; et l'*extine*, épaisse, peu extensible, formée de cutine, et offrant souvent des sculptures en relief (*saillies, pointes*) et en creux (*plis, pores*). Grains ordinairement libres, quelquefois soudés ensemble (pollen composé, pollinie des Orchidées).
  - **Développement.** Formation des cellules-mères des grains de pollen. Formation des grains de pollen *par tétrades* dans cellules-mères. Division du grain de pollen en deux parties inégales, par une cloison *transitoire* (Angiospermes) ou *permanente* (Gymnospermes).
  - **Germination....** La germination naturelle et normale du grain de pollen a lieu *sur le stigmate* du pistil et est un des actes essentiels de la Fécondation. *Voir Fécondation.*

CROISSANCE DES ÉTAMINES.

- **MODE DE CROISSANCE.** Les anthères apparaissent d'abord comme de petits mamelons, puis apparaît le filet. qui s'allonge par accroissement intercalaire.

- **INÉGALITÉ DE CROISSANCE.** Étamines irrégulières. { Didynamie. Tétradynamie. } Étamines avortées.... | Staminodes.

- **RÉGIONS DE CROISSANCE.** Une seule. | Étamines simples. Plusieurs. { Étamines ramifiées. { Ramification homo-gène............. *Étamines composées.* Ramification hétéro-gène............. *Étamines appendiculaires.* }

RELATION DES ÉTAMINES.

- **RELATION ENTRE ELLES.** Indépendance. | Étamines *dialystémones* et à anthères libres. Soudure....... { par les filets. { Étamines *gamostémones* (Monadelphes, Diadelphes, Polyadelphes). par les anthères (Synanthérées). }

- **RELATION AVEC LE PÉRIANTHE.** Indépendance. Soudure : fréquente chez Gamopétales.

- **RELATION AVEC LE PISTIL.** Indépendance. Soudure : *Gynandrie* (Fleur à gynostème).

MOUVEMENTS DES ÉTAMINES. { Mouvements provoqués. Mouvements spontanés }

PARTIES CONSTITUTIVES D'UN CARPELLE.

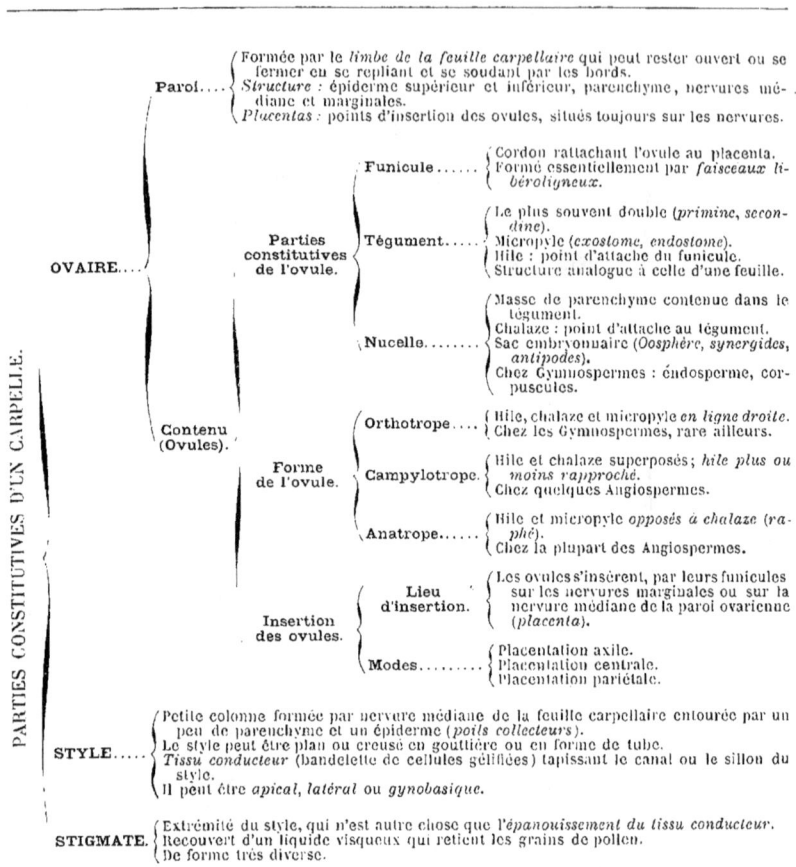

PAROI....
- Formée par le *limbe de la feuille carpellaire* qui peut rester ouvert ou se fermer en se repliant et se soudant par les bords.
- *Structure* : épiderme supérieur et inférieur, parenchyme, nervures médiane et marginales.
- *Placentas* : points d'insertion des ovules, situés toujours sur les nervures.

OVAIRE....

Parties constitutives de l'ovule.

- **Funicule......**
  - Cordon rattachant l'ovule au placenta.
  - Formé essentiellement par *faisceaux libéroligneux.*
- **Tégument.....**
  - Le plus souvent double (*primine, secondine*).
  - Micropyle (*exostome, endostome*).
  - Hile : point d'attache du funicule.
  - Structure analogue à celle d'une feuille.
- **Nucelle........**
  - Masse de parenchyme contenue dans le tégument.
  - Chalaze : point d'attache au tégument.
  - Sac embryonnaire (*Oosphère, synergides, antipodes*).
  - Chez Gymnospermes : endosperme, corpuscules.

Contenu (Ovules).

Forme de l'ovule.

- **Orthotrope....**
  - Hile, chalaze et micropyle *en ligne droite.*
  - Chez les Gymnospermes, rare ailleurs.
- **Campylotrope.**
  - Hile et chalaze superposés; *hile plus ou moins rapproché.*
  - Chez quelques Angiospermes.
- **Anatrope......**
  - Hile et micropyle *opposés à chalaze (raphé).*
  - Chez la plupart des Angiospermes.

Insertion des ovules.

- **Lieu d'insertion.**
  - Les ovules s'insèrent, par leurs funicules sur les nervures marginales ou sur la nervure médiane de la paroi ovarienne (*placenta*).
- **Modes........**
  - Placentation axile.
  - Placentation centrale.
  - Placentation pariétale.

STYLE.....
- Petite colonne formée par nervure médiane de la feuille carpellaire entourée par un peu de parenchyme et un épiderme (*poils collecteurs*).
- Le style peut être plan ou creusé en gouttière ou en forme de tube.
- *Tissu conducteur* (bandelette de cellules gélifiées) tapissant le canal ou le sillon du style.
- Il peut être *apical, latéral* ou *gynobasique.*

STIGMATE.
- Extrémité du style, qui n'est autre chose que l'*épanouissement du tissu conducteur.*
- Recouvert d'un liquide visqueux qui retient les grains de pollen.
- De forme très diverse.

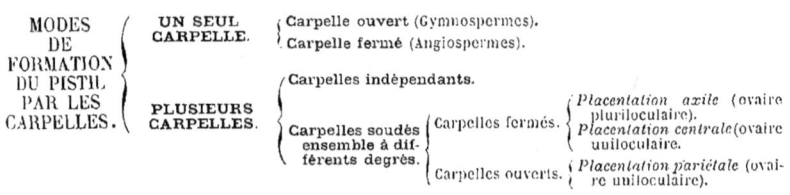

MODES DE FORMATION DU PISTIL PAR LES CARPELLES.

- **UN SEUL CARPELLE.**
  - Carpelle ouvert (Gymnospermes).
  - Carpelle fermé (Angiospermes).
- **PLUSIEURS CARPELLES.**
  - Carpelles indépendants.
  - Carpelles soudés ensemble à différents degrés.
    - Carpelles fermés.
      - *Placentation axile* (ovaire pluriloculaire).
      - *Placentation centrale* (ovaire uniloculaire).
    - Carpelles ouverts.
      - *Placentation pariétale* (ovaire uniloculaire).

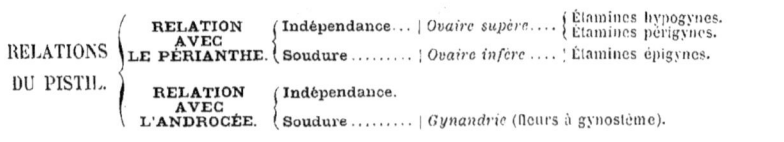

RELATIONS DU PISTIL.

- **RELATION AVEC LE PÉRIANTHE.**
  - Indépendance... | *Ovaire supère*....
    - Étamines hypogynes.
    - Étamines périgynes.
  - Soudure .... | *Ovaire infère* .... Étamines épigynes.
- **RELATION AVEC L'ANDROCÉE.**
  - Indépendance.
  - Soudure .... | *Gynandrie* (fleurs à gynostème).

POLLINISATION.

MODES DE POLLINISATION.

Pollinisation directe (Autofécondation). — Possible seulement chez les fleurs hermaphrodites non dichogames.

Pollinisation indirecte.
- Sur fleur de la même plante (autofécondation). — Possible seulement chez plantes hermaphrodites (dichogames ou non) et chez plantes monoïques.
- Sur fleur d'une autre plante (fécondation croisée). — Se produit nécessairement chez plantes dioïques; non nécessaire, mais fréquente chez plantes hermaphrodites et monoïques.

AGENTS DE POLLINISATION.
- Contact direct des étamines avec le stigmate.
- Dissémination du pollen par l'air.
- Visite des Insectes.

GERMINATION DU POLLEN SUR LE STIGMATE.

Le grain de pollen, déposé sur le stigmate, absorbe le liquide stigmatique; l'extine se rompt à l'endroit d'un pore ou d'un pli, et l'intine s'allonge rapidement en tube. Il y a alors absorption d'oxygène et dégagement d'acide carbonique, et le boyau pollinique puise dans le liquide du stigmate l'eau et les aliments dont il a besoin pour compléter ceux qu'il tient en réserve dans son protoplasma. Ce boyau, s'accroissant de plus en plus, pénètre dans le style.

Chez la plupart des fleurs cleistogames, les grains de pollen germent à l'intérieur des sacs polliniques, et, projetant leurs tubes tout autour de l'anthère, viennent rencontrer le stigmate.

DÉVELOPPEMENT DU TUBE POLLINIQUE JUSQU'AU SAC EMBRYONNAIRE.

Le tube pollinique pénètre dans le style, et, si le style est plein, il traverse le tissu conducteur en s'en nourrissant.

Arrivé dans la cavité ovarienne, il s'engage dans le micropyle d'un ovule, se fraie un passage à travers le sommet du nucelle et vient souder sa membrane à la membrane du sac embryonnaire.

Chaque ovule s'approprie ainsi un tube pollinique.

FUSION DU TUBE POLLINIQUE AVEC L'OOSPHÈRE.

La substance du tube pollinique passe dans une des synergides qui la déverse dans l'oosphère ou vésicule embryonnaire.

La substance du tube pollinique se combine alors, noyau à noyau et protoplasma à protoplasma, avec la substance de l'oosphère.

La cellule qui résulte de cette combinaison intime s'entoure d'une mince membrane de cellulose et constitue l'œuf.

I. — PREMIERS DÉVELOPPEMENTS S'OPÉRANT SIMULTANÉMENT SUR LA PLANTE-MÈRE.

DÉVELOPPEMENT DE L'OVAIRE EN FRUIT.

STRUCTURE.

- Épicarpe — *Épiderme* externe, de conformation et d'aspect divers.
- Mésocarpe — *Parenchyme* homogène (soit sec, soit charnu) ou différencié en deux couches dont l'intérieure est quelquefois ligneuse (noyau).
- Endocarpe — *Épiderme* interne.

PRINCIPAUX GENRES.

- Fruits secs
  - Indéhiscents. { *Genre akène.* }
    - Akène proprement dit.
    - Caryopse.
    - Samare.
  - Déhiscents... { *Genre capsule.* }
    - Capsule proprement dite.
    - Silique.
    - Pyxide.
    - Follicule.
    - Gousse.
- Fruits charnus.
  - Sans noyau.. { *Genre baie.* }
    - Baie proprement dite.
    - Mélouide.
  - A noyau..... { *Genre drupe.* }
    - Drupe proprement dite.
    - Noix.

DÉHISCENCE....

- Longitudinale.
  - *Dans fruits simples.*
    - Le long de la suture ventrale (follicule).
    - Le long des sutures ventrale et dorsale (gousse).
  - *Dans fruits composés.*
    - Septicide.. — Le long de la soudure des carpelles.
    - Loculicide. — Le long de la nervure médiane des carpelles.
    - Septifrage. — Le long de deux autres lignes.
- Transversale.
- Poricide.

DÉVELOPPEMENT DE L'OVULE EN GRAINE.

FORMATION DE LA GRAINE.

- Le *nucelle* est ordinairement entièrement résorbé par le sac embryonnaire.
- D'autres fois, le nucelle s'accroît et forme le *périsperme* (amylacé ou oléagineux) qui est immédiatement résorbé pour la croissance de l'embryon, soit en totalité, soit en partie.
- Le noyau et le protoplasma du *sac embryonnaire* donnent naissance à l'albumen.
- L'*œuf*, en se développant en embryon, digère l'albumen soit en totalité (alors une grande partie passe dans les cotylédons), soit seulement en partie, et il y a alors un albumen permanent.

STRUCTURE DE LA GRAINE MÛRE.

- Tégument
  - *Testa*, tégument extérieur (souvent à côtes, arêtes, épines, ailes, poils).
  - *Tegmen*, tégument intérieur.
- Réserves nutritives.
  - Chez Angiospermes : *Albumen, périsperme* (l'un ou l'autre ou tous deux à la fois).
  - Chez Gymnospermes : *Endosperme* qui ne diffère de l'albumen des Angiospermes qu'en ce qu'il est formé *avant* la fécondation.
  - Chez les plantes dépourvues de ces réserves, les *cotylédons* y suppléent.
  - Ces réserves contiennent des matières albuminoïdes, amylacées, oléagineuses.
- Embryon — *Voir ci-dessous.*

DÉVELOPPEMENT DE L'ŒUF EN EMBRYON.

FORMATION DE L'EMBRYON.

- L'*œuf* se développe en embryon : pour ce développement, il absorbe la substance du nucelle, puis celle de l'albumen en totalité ou en partie seulement.

STRUCTURE....

- *Radicule. — Tigelle. — Gemmule. — Cotylédons* (réserves alimentaires).
- L'épiderme, l'écorce et le cylindre central sont différenciés dans les différentes parties de l'embryon.

POSITION........

- L'embryon, *droit ou courbé*, est ordinairement entouré de toutes parts par l'albumen (*intraire*); d'autres fois c'est lui qui entoure l'albumen (*périphérique*); parfois enfin il est situé à côté de l'albumen.

NATURE DE LA VIE LATENTE.

État dans lequel l'embryon reste *stationnaire* et n'a plus besoin d'adhérer à la plante-mère.
C'est une *vie très ralentie* (absorption de O et dégagement de CO_2 très faibles).

II. PHASE DE VIE LATENTE.

PHÉNOMÈNES S'ACCOMPLISSANT A CETTE ÉPOQUE.

Achèvement de la maturation.
1° Les réserves doivent être rendues *assimilables*, ce qui se fait par un travail interne (oxydations), qui exige un temps plus ou moins long.
2° Les *ferments digestifs* apparaissent au milieu des réserves.

Mise en liberté de la graine.
Par *déhiscence* du péricarpe (fruits déhiscents).
Par *ouverture accidentelle* ou *décomposition* du péricarpe (fruits indéhiscents).

Dissémination.....
Transport par le *vent* (au moyen de poils, d'aigrettes, d'ailes).
Transport par les *courants d'eau* (mer, fleuves).
Transport par les *animaux*.
  Adhérence aux poils (épines, crochets).
  Rejet après absorption du fruit.
  Rejet de graines absorbées et non digérées.
Transport par l'*homme*, consciemment ou inconsciemment.

III. DÉVELOPPEMENT DÉFINITIF (GERMINATION).

CONDITIONS DE LA GERMINATION.

Conditions intrinsèques.
1° La graine doit être bien conformée dans toutes ses parties.
2° Les réserves doivent être assimilables.
3° Les ferments digestifs doivent être formés.

Conditions extrinsèques.
1° Air (oxygène).
2° Eau : ramollit et gonfle la graine (rupture des enveloppes).
3° Chaleur : l'optimum varie entre 20° et 40°.

PHÉNOMÈNES DE LA GERMINATION.

Phénomènes physico-chimiques.
Absorption d'oxygène.
Dégagement d'acide carbonique et d'eau.
Production de chaleur.
Utilisation des réserves.
  Digestion par ferments. (*Voir Nutrition.*)
  Assimilation par l'embryon.

Phénomènes morphologiques.
Développement de la radicule.
Développement de la tigelle.
Développement des cotylédons (hypogés ou épigés).
Développement de la gemmule.

FLEURS VISIBLES.	**FLEURS HERMAPHRODITES.**	Étamines libres.	Une étamine .... Monandrie.
			Deux étamines .... Diandrie.
			Trois — .... Triandrie.
			Quatre — .... Tétrandrie.
			Cinq — .... Pentandrie.
			Six — .... Hexandrie.
			Sept — .... Heptandrie.
			Huit — .... Octandrie.
			Neuf — .... Ennéandrie.
			Dix — .... Décandrie.
			Onze à vingt .... Dodécandrie.

Vingt étamines ou plus. { *Périgynes* .... Icosandrie.
{ *Hypogynes* .... Polyandrie.

Quatre étamines inégales. { *Deux grandes et deux petites* .... Didynamie.

Six étamines inégales. { *Quatre grandes et deux petites* .... Tétradynamie.

Étamines soudées.

Par les filets. { En un faisceau .... Monadelphie.
{ En deux faisceaux ...... Diadelphie.
{ En trois faisceaux ou plus .... Polyadelphie.

Par les anthères .... Syngénésie.
Avec le pistil .... Gynandrie.

FLEURS UNISEXUÉES. { Fleurs mâles et femelles *sur le même pied* .... Monœcie.
{ Fleurs mâles et femelles *sur des pieds distincts* .... Diœcie.
{ Fleurs *unisexuées mélangées avec fleurs hermaphrodites.* Polygamie.

FLEURS INVISIBLES. { .... Cryptogamie.

PLANTES CELLULAIRES.

(Pas de vaisseaux, pas de racine.) Ni fleurs ni graines.

THALLOPHYTES.

(Ni tige ni feuilles.)

Champignons.

(Sans chlorophylle.)

Algues.

(Presque toutes à chlorophylle.)

MUSCINÉES.

(Tige et feuilles.)

Hépatiques.

(Thalle ou tige feuillée rampante, symétrique par rapport à un plan.)

Mousses.

(Tige feuillée dressée verticalement, symétrique par rapport à son axe.)

PLANTES VASCULAIRES.

(Vaisseaux. — Racine.)

CRYPTOGAMES VASCULAIRES.

(Ni fleurs ni graines.)

Isosporées.

(Une seule sorte de spores.)

Fougères.
Équisétacées.
Lycopodiacées.

Hétérosporées.

(Deux sortes de spores : microspores produisant le prothalle mâle; macrospores produisant le prothalle femelle.)

Rhizocarpées.
Isoétacées.
Sélaginellées.
Lépidodendrées.

PHANÉROGAMES.

(Fleurs et graines.)

Gymnospermes.

(Graines non protégées par un ovaire clos; pas de stigmate.)

Angiospermes.

(Graines protégées par un ovaire clos; stigmate.)

Monocotylédones.

(Embryon à un seul cotylédon.)

Dicotylédones.

(Embryon à deux cotylédons.)

Apétales.
Dialypétales.
Gamopétales.

CRYPTOGAMES.	PHANÉROGAMES.		
	GYMNOSPERMES.	ANGIOSPERMES.	
		Monocotylédones.	Dicotylédones.
Racine. — Il peut se former des tissus secondaires dans l'écorce mais jamais dans le cylindre central. La racine n'existe que chez les cryptogames vasculaires. *Tige.* — Structure primaire semblable à celle des phanérogames, mais comprenant des éléments moins diversifiés.	*Racine.* — Production de tissus secondaires dans l'écorce et dans le cylindre central. *Tige.* — Les vaisseaux ligneux sont tous fermés, excepté chez les Gnétacées.	*Racine.* — Pas de formation de tissus secondaires. La racine primaire disparaît promptement pour faire place à des racines adventives et latérales. *Tige.* — Le plus souvent les faisceaux libéroligneux de la tige sont très nombreux et disposés en plusieurs cercles concentriques; les déviations qu'ils éprouvent alors, pendant qu'ils se rendent dans les feuilles, font que sur une section transversale, ils paraissent disséminés sans ordre.	*Racine.* — Formation de tissus secondaires chez les Dicotylédones vivaces. La racine primaire (c'est-à-dire la racine qui provient de la radicule de l'embryon) persiste. *Tige.* — Le plus souvent les faisceaux libéroligneux sont peu abondants, et disposés sur un seul cercle.
Tissus secondaires, rares. La tige n'existe que chez les cryptogames vasculaires et les Muscinées.	*Tissus secondaires*, formés par deux assises génératrices (subérocorticale, libéroligneuse). Les vaisseaux du bois secondaire sont tous uniformément à ponctuations aréolées.	Le plus souvent ils ne se forme pas de *tissus secondaires*. Quand il y en a, les faisceaux libéroligneux secondaires sont toujours situés à la périphérie du cylindre central en dehors du liber primaire.	Le plus souvent, il se forme des *tissus secondaires* au moyen de deux assises génératrices, l'une subéro-corticale; l'autre, libéroligneuse, intercalée entre le bois et le liber primaires.
Feuilles. — Formes très diverses. Elles n'existent que chez les cryptogames vasculaires et les Muscinées.	*Feuilles.* — Le plus souvent elles sont étroites, à nervures simples et parallèles, sans anastomose.	*Feuilles.* — Le plus souvent engaînantes sans stipules, à nervation parallèle : elles prennent à la tige de nombreux faisceaux libéroligneux. Le plus souvent disposées en spirale, ayant pour formules phyllotaxiques $\frac{1}{2}$ ou $\frac{1}{3}$.	*Feuilles.* — Formes très diverses. Le plus souvent, elles ont la nervation palmée ou pennée et ne prennent à la tige qu'un petit nombre de faisceaux libéroligneux. Le plus souvent opposées ou bien spiralées avec formule phyllotaxique $\frac{2}{5}$.
Appareil reproducteur. — Les cryptogames n'ont pas de fleurs : leur mode de reproduction est exposé dans le tableau 63. L'œuf, une fois formé, se développe en sporogone d'une manière continue et ininterrompue, sans passer par une phase de vie latente. Il n'y a donc rien ici de comparable à la graine des Phanérogames, qui est formée par la plante rudimentaire (embryon) et à l'état de vie latente, contenue, avec ses réserves, dans un tégument spécial.	*Fleur.* — Toujours unisexuée : d'où plantes monoïques ou dioïques. Pas d'enveloppes florales. *Carpelle*, sans style ni stigmate, ouvert et ne formant pas autour des ovules une cavité close (d'où le nom de Gymnospermes). *Ovule*, orthotrope, à un seul tégument. *Sac embryonnaire* contient l'endosperme où sont plongées plusieurs corpuscules (archégones) renfermant chacun une oosphère. Le tissu endospermique (réserve nutritive) se forme ici avant la fécondation. *Embryon* renferme des cotylédons en nombre variable.	*Fleur.* — Unisexuée ou bisexuée, le plus souvent trimère. Enveloppes florales, le plus souvent. Quand le périanthe est double, le plus souvent les deux verticilles sont semblables, tous deux colorés ou tous deux non colorés. *Carpelle* à style et à stigmate, et formant une cavité close autour des ovules. *Ovule*, quelquefois orthotrope, ou campylotrope, mais le plus souvent anatrope, à deux téguments. *Sac embryonnaire* contient oosphère, synergides, cellules antipodes. L'albumen (réserve nutritive) ne se forme qu'après la fécondation. *Embryon* toujours à un seul cotylédon.	*Fleur.* — Unisexuée ou bisexuée; le plus souvent pentamère ou tétramère. Enveloppes florales le plus souvent. Quand le périanthe est double, le plus souvent les deux verticilles sont dissemblables, l'intérieur est coloré et l'extérieur non coloré. *Carpelle* à style et à stigmate, et formant une cavité close autour des ovules. *Ovule*, quelquefois orthotrope, ou campylotrope, mais le plus souvent anatrope, à deux téguments. *Sac embryonnaire* contient oosphère, synergides, cellules antipodes. L'albumen (réserve nutritive) ne se forme qu'après la fécondation. *Embryon* toujours à deux cotylédons.

MODIFICATIONS DE LA NUTRITION.

VÉGÉTAUX CELLULAIRES. L'absorption se fait, soit par *rhizoïdes* ou poils partant de la tige ou du thalle (Muscinées), soit par *tous les points* de la surface de la plante (la plupart des Thallophytes). La circulation se fait de cellule à cellule.

VÉGÉTAUX SANS CHLOROPHYLLE. Ils ont besoin pour vivre d'absorber des matières organiques déjà élaborées : aussi sont-ils tous *parasites* ou *saprophytes*. Ils n'ont pas la fonction chlorophyllienne.

VÉGÉTAUX PARASITES.

Modes de parasitisme. { Endoparasitisme. | *Dans* végétaux ou *dans* animaux. / Ectoparasitisme. | *Sur* végétaux ou *sur* animaux.

Genre de vie. Absorbent, pour se nourrir, les substances organiques du végétal ou de l'animal nourricier. La chlorophylle, étant inutile, le plus souvent disparaît; les vraies racines, aussi. Dans plusieurs champignons inférieurs parasites, il y a *migrations*, et aussi quelquefois *alternance* de formes. (Voir plus bas *Formes alternantes*.)

MODIFICATIONS DE LA REPRODUCTION CHEZ LES CRYPTOGAMES.

1° REPRODUCTION ASEXUÉE.

Scissiparité. { Quelques Thallophytes inférieures.

Gemmiparité. { Quelques Thallophytes inférieures.

Sporiparité. Sporiparité existant *exclusivement* (la plupart des champignons, quelques algues). Sporiparité existant *simultanément* avec reproduction sexuée (beaucoup d'algues, quelques champignons). Sporiparité *alternant* avec reproduction sexuée (*voir développement indirect ci-dessous*).

2° REPRODUCTION SEXUÉE.

FÉCONDATION.

Éléments non différenciés. *Conjugaison.* { Éléments immobiles. / Éléments mobiles.

Éléments différenciés.

Élément mâle. { *Anthérozoïdes*, formés dans *anthéridies*.

Élément femelle. { *Oosphère*, formée dans *oogone* (appelé *archégone* chez Muscinées et Cryptogames vasculaires).

DÉVELOPPEMENT.

Développement direct. L'œuf, résultat de la fusion de l'oosphère et de l'anthérozoïde, se développe en une plante semblable à la plante-mère. Dans ce cas sont la plupart des *Algues* et des *Champignons*, pourvus d'éléments sexués.

Développement indirect. (Formes alternantes.)

Muscinées. Développement de l'œuf en *sporogone*, porté par la plante-mère. Formation de *spores* dans le sporange du sporogone. Développement de la spore en *tige feuillée*, indépendante et permanente. Formation sur cette tige *d'éléments sexués* (oosphères, anthérozoïdes). Production de l'œuf (*fécondation*).

Cryptogames vasculaires. Développement de l'œuf en un appareil sporogonien indépendant et prépondérant : c'est la *tige feuillée*. Formation de *spores* (plantes isosporées et hétérosporées) dans des sporanges, portés par des feuilles de l'appareil sporogonien. Développement de la spore en un *prothalle* libre ou sub-inclus dans la spore. Formation, sur ce prothalle éphémère, des *éléments sexués* (oosphères, anthérozoïdes). Production de l'œuf (*fécondation*).

VOCABULAIRE ÉTYMOLOGIQUE

DES PRINCIPAUX TERMES SCIENTIFIQUES EMPLOYÉS DANS LES TABLEAUX.

Acanthocéphales (ἄκανθα, *épine*. κεφαλή, *tête*). Groupe de vers parasites dont la tête est armée d'épines.

Acariens (ἀ-καρής, *très petit*). Ordre d'Arachnides de taille presque microscopique.

Accrescent (*accrescere*. *croître*). Qui continue à croître après la fécondation.

Acéphales (ἀ, *privat.*, κεφαλή, *tête*). Mollusques qui n'ont pas de tête distincte.

Acétique (Acide) (*acetum*. *vinaigre*). Acide qui forme la base du vinaigre.

Achètes (ἀ *privat.*, χαίτη. *poil*). Annélides à corps dépourvu de soies.

Achromatique (ἀ *privat.*. χρῶμα, *couleur*). Qui laisse voir les objets sans mélange de couleurs étrangères.

Acinus (*acinus*, *grain de raisin*). Petite cavité en cul-de-sac, qui constitue l'élément des glandes.

Acotylédones (ἀ *privat.*, *cotylédon*). Plantes dépourvues de cotylédon.

Acoustique (ἀκούω, *entendre*). Relatif au son.

Actinozoaires (ἀκτίς, ἶνος, *rayon* ; ζῶον, *animal*). Animaux à symétrie rayonnée.

Adipeux (*adeps. ipis*. *graisse*). Qui contient de la graisse.

Afférents (Vaisseaux) (*afferre. apporter*). Vaisseaux qui amènent le sang à un organe.

Akène (ἀ *privat.*. χαίνω, *s'ouvrir*). Genre de fruit indéhiscent.

Albumen (*albumen*, *blanc d'œuf*. de *albus*, *blanc*). Substance végétale dont la destination est analogue à celle du blanc d'œuf.

Albumine (*albumen*, *blanc d'œuf*. Substance analogue au blanc d'œuf.

Albuminoïde (*albumine*, εἶδος, *ressemblance*). Substance analogue à l'albumine.

Aleurone (ἄλευρον, *farine*). Substance albuminoïde végétale.

Amibe (ἀμείβω, *changer*). Animal dont la forme change à chaque instant.

Amiboïde (*amibe*. εἶδος. *ressemblance*). Mouvement amiboïde : mouvement semblable à celui des amibes.

Amorphe (ἀ *privat.*, μορφή, *forme*). Qui n'a pas de structure.

Amphioxus (ἀμφί, *des deux côtés*, ὀξύς, *pointu*). Poisson d'une organisation très dégradée.

Amygdales (ἀμυγδάλη, *amande*). Glandes situées à l'entrée de la gorge.

Amylacé (ἄμυλον, *amidon*). Se dit de l'amidon et de la fécule.

Amyloïde (ἄμυλον, *amidon*, εἶδος *ressemblance*). Nom donné à la matière amylacée et aux matières analogues.

Anastomose ἀνα-στομόω. *déboucher*, de στόμα. *bouche*). Abouchement de plusieurs vaisseaux ou de plusieurs filets nerveux.

Anatomie (ἀνα-τέμνω, *je coupe à travers*). Étude, à l'état de repos, des organes des êtres vivants.

Anatrope (ἀνα-τρέπω, *renverser*). Ovule qui a une position renversée.

Androcée (ἀνήρ, *mâle*, οἰκία, *demeure*). Ensemble des étamines.

Anesthésie (ἀ *privat.*, αἰσθάνομαι, *percevoir par les sens*). Suppression momentanée de la sensibilité.

Angiospermes (ἀγγεῖον, *vase*, σπέρμα, *graine*). Plantes dont l'ovule est enveloppé entièrement par le péricarpe.

Anoures (ἀ, *privat.*. οὐρά, *queue*). Ordre d'Amphibiens privés de queue.

Antennes (*Antenna*, *vergue de navire*). Appendices de la tête des Arthropodes.

Anthère (ἄνθος, *fleur*). Réservoir du pollen.

Anthéridie (*anthère*. εἶδος. *apparence*). Organe analogue à l'anthère. chez les Cryptogames.

Anthérozoïde (*anthéridie*, ζῶον, *animal*, εἶδος. *apparence*). Cellules mobiles contenues dans l'anthéridie.

Aorte (ἀορτή. *même sens*, de ἀείρω, *apporter*). Gros tronc

9

artériel qui porte le sang du cœur aux organes.

Apical (*apex, icis, sommet*). Situé au sommet.

Apodes (à *prival.*, πούς, οδός, *pied*). Ordre d'Amphibiens privés de membres.

Aponévrose (ἀπο, *de*, νεύρον, *tendon*). Membrane qui enveloppe les muscles et les attache aux os.

Apophyse (ἀπό-φυσις, *excroissance*). Partie saillante d'un os.

Arachnides (ἀράχνη, *araignée*). Classe d'Articulés.

Arachnoïde (ἀράχνη, *toile d'araignée*, εἶδος, *ressemblance*). Membrane séreuse qui enveloppe les centres nerveux.

Archégone (ἀρχή, *principe*, γόνος, *rejeton*). Organe femelle des Muscinées et des Cryptogames vasculaires.

Aréolé (*areola, carreau, de area, surface*). Couvert de ponctuations.

Artère (ἀήρ, *air*, τηρεῖν, *conserver*). Dénomination donnée par les anciens qui croyaient que les artères contiennent de l'air.

Arthropodes (ἄρθρον, *articulation*, πούς, όδος, *pied*). Annelés à pieds articulés.

Arthrostracés (ἄρθρον, *articulation*, ὄστρακον, *coquille*). Groupe de crustacés.

Aryténoïdes (ἀρύταινα, *entonnoir*, εἶδος, *forme*). Cartilages du larynx donnant attache aux cordes vocales.

Ascidie (ἀσκίδιον, *petit sac*, de ἀσκός, *sac*). Petite urne que portent certaines feuilles.

Ascidiens (ἀσκός, *outre, sac*). Animaux dont le corps a la forme d'un sac.

Asphyxie (à *prival.*, σφύξις, *pouls*). Suspension des phénomènes de la respiration.

Assimilation (*ad, vers, similis, semblable*). Transformation des aliments en la substance des êtres vivants.

Astragale (ἀστράγαλος, *talon*). Os du pied s'articulant en haut avec les os de la jambe, en bas avec le calcanéum.

Atlas. Première vertèbre verticale qui supporte tout le poids de la tête.

Axis (*axis, essieu*). Vertèbre autour de laquelle se meut la tête comme une roue autour d'un essieu.

Azygos (à *prival.*, ζεῦγος, *paire*). Veine unique impaire.

Bactéries (βακτήριον, *bâton*). Microbes qui ressemblent à de petits bâtons.

Bilatérale (Symétrie) (*bis, latus, côté*). Se dit des corps qui ne peuvent être divisés en deux parties semblables que d'une seule manière.

Bilirubine (*bilis, bile, ruber, rouge*). Matière colorante d'une rouge de la bile.

Biliverdine (*bilis, bile, viridis, vert*). Matière colorante verte de la bile.

Brachiopodes (βραχίων, *bras*, πούς, όδος, *pied*). Groupe de Molluscoïdes.

Bractée (*bractea, feuille*). Feuille plus ou moins modifiée qui accompagne la fleur.

Brévistyle (*brevis, court, stylus, style*). Fleur à style court.

Bronches (βρόγχος, *gorge*). Parties des voies respiratoires qui aboutissent aux vésicules pulmonaires.

Bryozoaires (βρύον, *mousse*, ζῶον, *animal*). Groupe de Molluscoïdes.

Butyrique (Acide) (βούτυρον, *beurre*). Acide qui se produit dans diverses fermentations et, en particulier, dans celle du beurre.

Calamus scriptorius (mots latins : *plume pour écrire*). Sillon creusé dans le bulbe rachidien, ayant l'apparence d'un bec de plume.

Calcanéum (*calx, calcis, talon*). Os formant la saillie du talon.

Calcification (*calx, calcis, chaux, facere, faire*). Imprégnation de sels de chaux.

Calleux (Corps) (*callus, callosité*). Substance unissant les deux hémisphères du cerveau.

Campylotrope (καμπύλος, *courbé*, τρέπω, *se tourner*). Se dit de l'ovule qui est recourbé.

Capillaire (*capillus, cheveu*). Vaisseau excessivement mince.

Capitule (*caput, tête*). Fleurs réunies en tête.

Capsule (*capsa, boîte*). Genre de fruit déhiscent.

Cardia (καρδία, *cœur*). Orifice supérieur de l'estomac, situé à proximité du cœur.

Carnivore (*caro, chair, vorare, manger*). Qui se nourrit de chair.

Caroncule (*caruncula, dimin. de caro, chair*). Petit groupe de glandules occupant l'angle interne des paupières.

Carotide (κάρη, *tête*). Artères qui portent le sang à la tête.

Carpe (καρπός, *poignet*). Synonyme de poignet.

Carpelle (καρπός, *fruit*). Organe femelle des végétaux phanérogames.

Caryophyllée (*caryophyllus œillet*). Se dit des corolles analogues à celles de l'œillet (cinq pétales libres avec onglet).

Caryopse (κάρυον, *noyau*, ὄψ, *aspect*). Genre de fruit indéhiscent.

Caséine (*caseum, fromage*). Substance qui forme la base du fromage.

Cellule (*cellula, petite chambre*). Élément fondamental des tissus vivants.

Cellulose. Matière formant la membrane des *cellules* végétales.

Centrifuge (*centrum, centre, fugere, fuir*). Dont l'action se transmet du centre à la périphérie.

Centripète (*centrum, centre, petere, gagner*). Dont l'action part de la périphérie pour gagner le centre.

Céphalopodes (κεφαλή, *tête*, πούς, ὁδος, *pied*). Mollusques à tête distincte et munis de bras autour de la bouche.

Céphalo-rachidien (κεφαλή, *tête*, ῥάχις, *épine dorsale*). Relatif aux centres nerveux.

Cérébrine (*cerebrum, cerveau*). Substance trouvée dans le cerveau.

Cérification (*cera, cire, facere, faire*). Transformation en matière cireuse.

Cervical (*cervix, icis, cou*). Qui concerne le cou.

Cestodes (κεστός, *ceinture*). Groupe de vers intestinaux à corps aplati.

Cétacés κῆτος, *baleine*). Ordre de mammifères comprenant les baleines.

Chalaze (χάλαζα, *grain de grêle*). Point d'attache du funicule à la secondine.

Chéloniens (χελώνη, *tortue*). Ordre de reptiles constitué par les tortues.

Chiasma (χίασμα, *entrecroisement*). Entre-croisement des deux nerfs optiques.

Chiroptères (χείρ, *main*, πτερον, *aile*). Ordre de mammifères, constitué par les chauve-souris.

Chitinisation. Imprégnation de chitine (χιτών, *tunique, enveloppe*), matière constituant le squelette extérieur des insectes.

Chlorophylle (χλωρός, *vert*, φύλλον, *feuille*). Matière colorante verte, répandue surtout dans les feuilles.

Cholédoque (χολή, *bile*, δοχός, *qui contient*). Canal cholédoque, conduisant la bile du canal cystique au duodénum.

Cholestérine χολή, *bile*). Substance que l'on trouve en particulier dans la bile.

Chondrine (χόνδρος, *cartilage*). Substance formant la base des cartilages.

Choroïde (χόριον, *membrane vasculaire*, εἶδος, *apparence*). Nom donné à plusieurs membranes vasculaires.

Chyle χυλός, *suc*). Suc formé par la digestion intestinale.

Chylifères (χυλός, *chyle*, *fero, je porte*). Vaisseaux qui charrient le chyle.

Chyme (χυμός, *suc*). Suc formé par la digestion stomacale.

Cinereum (Tuber). Mots latins : éminence cendrée.

Circonvolutions (*circumvolvo, rouler autour*). Éminences sinueuses de la surface du cerveau. Replis sinueux de l'intestin.

Circulation (*circulus, cercle*). Mouvement en cercle.

Circumnutation (*circum, autour, nutare, incliner la tête*). Mouvement par lequel l'extrémité d'un organe se penche successivement dans toutes les directions.

Cirrhipèdes (*cirrus, boucle de cheveux, pes, pied*). Crustacés chez lesquels plusieurs membres sont pourvus de cirrhes, appendices longs et cornés.

Cladode (κλάδος, *branche*. εἶδος, *apparence*). Rameau ayant l'apparence d'une feuille.

Clavicule (*clavicula, petite clef*). Os s'articulant avec le sternum et l'omoplate.

Cleistogame (κλείω, *fermer*, γάμος, *union*). Fleur qui ne s'épanouit pas.

Coccyx κόκκυξ, *coucou*). Extrémité inférieure de la colonne vertébrale ayant quelque ressemblance avec le bec d'un coucou.

Cochléen (κόχλος, *limaçon*). Relatif au limaçon de l'oreille.

Cœcum (*cœcus, aveugle*). Partie du gros intestin, en forme de cul-de-sac.

Cœlentérés (κοῖλος, *creux*, ἔντερα, *viscères*). Groupe d'animaux appelés aussi Zoophytes.

Cœliaque (κοιλία, *abdomen*). Tronc artériel situé dans l'abdomen.

Collagène (κόλλα, *colle*, γεννάω, *produire*). Tissu donnant de la gélatine par l'ébullition.

Côlon (κωλύω, *retarder*). Partie du gros intestin.

Columelle (*columella, petite colonne*). Axe du limaçon de l'oreille.

Commissure (*committere, réunir*). Point de jonction de deux parties.

Condyle (κόνδυλος, *renflement formé par une articulation*). Éminence articulaire d'un os.

Connectif (*connectere, attacher*). Petit corps qui attache l'anthère au filet.

Connivente (*connivere, fermer à demi*). Valvules conniventes, replis en forme d'anneaux, formant des étranglements dans le tube intestinal.

Copépodes (κώπη, *rame*, πούς, *pied*). Crustacés ayant plusieurs paires de pattes en forme de rames.

Corymbe (κόρυμβος, *sommité fleurie*, de κόρυς, *casque*). Inflorescence dans laquelle les fleurs, quoique partant de points différents, arrivent toutes à peu près à la même hauteur.

Cortical (*cortex, icis, écorce*). Relatif à l'écorce.

Cotylédon (κοτύλη, *écuelle*). Partie de l'embryon des végétaux.

Cotyloïde (κοτύλη, *creux*, εἶδος, *apparence*). Cavité articulaire de l'os iliaque.

Créatine (κρέας, ατος, *chair, viande*). Substance que l'on trouve en particulier dans le tissu musculaire.

Cricoïde (κρίκος, *anneau*, εἶδος, *forme*). Cartilage du larynx.

Crinoïdes (κρίνον, *lis*, εἶδος, *forme*). Groupe d'Echinodermes ainsi nommés à cause de leur forme.

Cristalloïdes (κρύσταλλος, *cristal*, εἶδος, *apparence*). Corps azotés cristallisés.

Crustacés (*crusta, croûte*). Classe d'Annelés possédant une carapace dure.

Cryptogames (κρύπτω, *cacher*, γάμος, *union*). Plantes sans fleurs.

Cténophores (κτείς, ενός, *peigne*, φέρω, *je porte*). Animaux qui nagent au moyen de cils disposés en forme de peigne.

Cubitus (*cubitus, coude*). Os de l'avant-bras dont l'extrémité supérieure forme le coude.

Cupule (*cupa, coupe*). Involucre foliacé ou écailleux renfermant une ou plusieurs fleurs.

Curvinerve (*curvus, courbe, nervus, nerf, nervure*). Feuilles à nervures courbes.

Cutané (*cutis, peau*). Qui concerne la peau.

Cuticule (*cutis, peau*). Partie superficielle de l'épiderme chez les végétaux et les animaux.

Cutine (*cutis, peau*). Élément essentiel de la cuticule des végétaux.

Cutinisation. Transformation en *cutine*.

Cyclostomes (κύκλος, *cercle*, στόμα, *bouche*). Ordre de poissons, munis d'une bouche circulaire disposée pour sucer (Lamproies).

Cylinder-axis (mots latins : *cylindre-axe*). Fil cylindrique formant l'axe des filets nerveux.

Cystique (κύστις, *vessie*). Qui concerne la vessie ou la vésicule du fiel. *Canal cystique :* canal conduisant la bile de la vésicule du fiel au canal cholédoque.

Daltonisme. Anomalie de l'œil que présentait le physicien anglais *Dalton*.

Décandrie (δέκα, *dix*, ἀνήρ, *mâle*). Classe de Linné comprenant les plantes dont les fleurs ont dix étamines.

Décapodes (δέκα, *dix*, πούς, *pied*). Crustacés ayant dix pattes ambulatoires.

Déglutition (*deglutire, avaler*). Action d'avaler.

Dendriforme (δένδρον, *arbre*). Ramifié comme un arbre.

Derme (δέρμα, *peau*). Partie profonde de la peau.

Dextrine (*dextra, droite*). Corps de composition identique à celle de l'amidon.

Diadelphes (δίς, *séparés en deux*, ἀδελφοί, *frères*). Étamines soudées en deux faisceaux par les filets.

Dialycarpelle (δια-λύω, *séparer, carpelle*). Pistil à carpelles séparés.

Dialypétale (δια-λύω, *séparer, pétale*). Corolle à pétales séparés.

Dialysépale (δια-λύω, *séparer, sépale*). Calice à sépales séparés.

Dialystémone (δια-λύω, *séparer, στήμων, fil, étamine*). Androcée à étamines séparées.

Diandrie (δίς, *idée de dualité*, ἀνήρ, *mâle*). Classe de Linné renfermant les plantes dont les fleurs ont deux étamines.

Diaphragme (δία, *à travers*, φράσσω, *je ferme*). Cloison de séparation entre la poitrine et l'abdomen.

Diarthrose (διαρθρόω, *emboîter*). Genre d'articulation.

Diastase (διάστασις, *séparation*). Ferment des matières amylacées.

Diastole (δια-στέλλω, *dilater*). Dilatation des cavités du cœur.

Dichogame (δίχα, *séparément*, γάμος, *union*). Fleur dans laquelle le pollen et l'ovule n'arrivent pas à maturité en même temps.

Dichotomie (δίχα, *en deux*, τέμνω, *couper*). Division en deux parties.

Dicotylédones (δίς, *deux*, *cotylédon*). Plantes à deux cotylédons.

Diduction (*diducere, conduire de côté*). Mouvement latéral imprimé à la mâchoire inférieure.

Didynames (δίς, *idée de dualité*, δύναμις, *puissance*). Étamines au nombre de 4, dont 2 plus grandes.

Différenciation. Distinction des organes ou des parties qui se trouvent plus ou moins confondues dans les formes élémentaires vivantes.

Dimère (δίς, *idée de dualité*, μέρος, *partie*). Formé de deux parties.

Diœcie. Classe de Linné, renfermant les plantes dioïques.

Dioïque (δίς, *séparément*, οἰκία, *demeure*). Plante dans laquelle les fleurs mâles et les fleurs femelles sont sur des pieds différents.

Dipnoïques (δίς, *deux fois*, πνέω, *respirer*). Ordre de poissons qui respirent à la fois par des branchies et par des poumons.

Discoïde (δίσκος, *disque*, εἶδος, *apparence*). En forme de disque.

Dodécandrie (δώδεκα, *douze*, ἀνήρ, *mâle*). Classe de Linné comprenant les plantes dont les fleurs ont 12 étamines.

Dorsal (*dorsum, dos*). Relatif au dos.

Duodenum (*duodeni, douze*). Partie de l'intestin grêle, longue d'environ douze travers de doigt.

Ecchymose (ἐκ-χυμόομαι, s'extravaser). Épanchement de sang sous la peau.

Échinodermes (ἐχῖνος, hérisson, δέρμα, peau). Animaux à squelette dermique calcifié, souvent muni de piquants.

Échinoïdes (ἐχῖνος, hérisson, εἶδος, forme). Groupe d'Échinodermes.

Édentés (ex, privation, dens, dent). Ordre de mammifères à dentition incomplète et parfois nulle.

Efférents (Vaisseaux) (efferre, emporter). Vaisseaux qui emmènent le sang d'un organe.

Embryon (ἐν, dans, βρύω, je pousse). Plante à l'état rudimentaire.

Émulsionner (emulgere, traire, épuiser). Réduire en particules excessivement ténues.

Encéphale (ἐν, dans, κεφαλή, tête). Ensemble des centres nerveux situés dans la tête.

Endocarde (ἔνδον, à l'intérieur, καρδία, cœur). Enveloppe interne du cœur.

Endocarpe (ἔνδον, à l'intérieur, καρπός, fruit). Couche interne du péricarpe.

Endoderme (ἔνδον, à l'intér., δέρμα, peau). Couche interne de l'écorce.

Endogène (ἔνδον, à l'intér., γένος, origine). Se dit d'un mode de multiplication de la cellule.

Endolymphe (ἔνδον, à l'intér., lympha, eau). Liquide contenu dans certains organes intérieurs de l'oreille interne.

Endosmose (ἔνδον, à l'intér., ὠσμός, mouvement). Passage à travers une membrane.

Endosperme (ἔνδον, à l'intér., σπέρμα, graine). Substance de réserve contenue dans la graine des Gymnospermes.

Endostome (ἔνδον, à l'intér., στόμα, bouche). Orifice de la primine.

Ennéandrie (ἐννέα, neuf, ἀνήρ, mâle). Classe de Linné renfermant les plantes dont les fleurs ont neuf étamines.

Entomozoaires (ἔντομος, segmenté, ζῶον, animal). Annelés : animaux dont le corps est composé de segments, semblables à des anneaux.

Épicarpe (ἐπί, sur, καρπός, fruit). Couche superficielle du péricarpe.

Épiderme (ἐπί, sur, δέρμα, peau). Partie superficielle de la peau.

Épigés (ἐπί, sur, γῆ, terre). Nom donné aux cotylédons qui sortent de terre à la germination.

Épiglotte (ἐπί, sur, γλῶττα, langue). Soupape à l'entrée du larynx.

Épigynes (ἐπί, sur, γυνή, femelle). Étamines insérées sur le pistil.

Épithélium (ἐπί, sur, θῆλυς, tendre, délicat). Partie superficielle des muqueuses.

Étamine (stamen, inis, fil). Organe mâle de la fleur.

Ethmoïde (ἠθμός, crible, εἶδος, apparence). Os percé comme un crible.

Excrétion (excernere, rejeter). Élimination d'une substance hors de l'organisme.

Exosmose (ἔξω, au dehors, ὠσμός, mouvement). Passage à travers une membrane de dedans en dehors.

Exostome (ἔξω, au dehors, στόμα, bouche). Orifice de la secondine.

Exothèque (ἔξω, au dehors, θήκη, boîte). Enveloppe extérieure de l'anthère.

Extine (extra, au dehors). Membrane extérieure du grain de pollen, appelée aussi exhymé-

nine (ἔξω, au dehors, ὑμήν, membrane).

Fémur (femur, cuisse). Os de la cuisse.

Fibrine. Substance azotée formant la base essentielle de la fibre musculaire.

Follicule (folliculus, petit sac). Nom donné à divers organes en forme de sac.

Foraminifères (foramen, trou, ferre, porter). Ordre de protozoaires vivant dans des carapaces creuses perforées.

Formique (Acide) (formica, fourmi). Acide qu'on peut extraire des fourmis rouges.

Funicule (funiculus, cordon, de funis, corde). Petit cordon qui attache l'ovule à l'ovaire.

Fusiforme (fusus, fuseau, forma, forme). En forme de fuseau.

Gallinacés (gallina, poule). Ordre d'oiseaux comprenant la plupart des oiseaux de basse-cour.

Gamocarpelle (γάμος, union, carpelle). Pistil dont les carpelles sont soudés.

Gamopétale (γάμος, union, pétale). Corolle dont les pétales sont soudés.

Gamosépale (γάμος, union, sépale). Calice dont les sépales sont soudés.

Gamostémone (γάμος, union, στήμων, étamine). Androcée dont les étamines sont soudées.

Ganglion (γάγγλιον, renflement). Renflement situé sur le trajet d'un nerf ou d'un vaisseau lymphatique.

Ganoïdes (γάνος, éclat, εἶδος, apparence). Ordre de poissons couverts d'écailles brillantes.

Gastéropodes (γαστήρ, ventre, πούς, ὁδός, pied). Mollusques dont le pied est constitué par une expansion musculaire de la face inférieure du corps.

Gastrique (γαστήρ, estomac). Relatif à l'estomac.

Gélatine (*gelare, geler*). Substance ayant l'apparence d'une gelée.

Gélification. Transformation en une espèce de gelée.

Gemmation (*gemma, bourgeon*). Bourgeonnement.

Gemmiparité (*gemma, bourgeon, parire, engendrer*). Reproduction qui s'opère par une sorte de bourgeonnement.

Gemmule (*gemma, bourgeon*). Premier bourgeon de la plante à l'état embryonnaire.

Genèse (γένεσις, *origine*). Origine.

Géotropique (γῆ, *terre*, τρέπω, *se tourner*). Mouvement d'un organe qui se tourne vers le sol ou en sens opposé.

Géphyriens (γέφυρα, *pont*). Groupe de vers.

Glénoïde (γλήνη, *cavité articulaire*, εἶδος, *apparence*). Surface articulaire de l'omoplate.

Globuline (*globulus, globule*). Matière entrant dans la composition des globules du sang.

Glomérule (*glomero, pelotonner*). Renflement formé par un pelotonnement.

Glossopharyngien (γλῶσσα, *langue*, φάρυγξ, *pharynx*). Nerf qui se distribue à la langue et au pharynx.

Glotte (γλῶσσα, *langage*). Partie du larynx où se produit le son.

Glucose (γλυκύς, *doux*). Substance ternaire de saveur sucrée.

Glutine. Base du gluten (*gluten, matière visqueuse*), contenu dans la farine des céréales.

Glycérine (γλυκύς, *doux*). Une des parties constitutives des corps gras.

Glycocholate. Nom générique d'un sel de la bile.

Glycogène (γλυκύς, *doux*, γεννάω, *je produis*). Matière produisant le glucose.

Grand-hypoglosse (ὑπο, *sous*, γλῶσσα, *langue*). Nerf moteur de la langue.

Gymnospermes (γυμνός, *nu*, σπέρμα, *graine*). Plantes dont les ovules ne sont pas enveloppés par l'ovaire.

Gynandrie (γυνή, *femelle*, ἀνήρ, *mâle*). Disposition de la fleur dans laquelle les étamines sont insérées sur le pistil.

Gynécée (γυνή, *femelle*, οἰκία, *demeure*). Synonyme de pistil : ensemble des carpelles d'une fleur.

Gynobasique (γυνή, *femelle*, βάσις, *base*). Qui part de la base du pistil.

Gynostème (γυνή, *femelle*, στήμων, *filet*). Colonne qui dans quelques plantes porte le stigmate et les anthères.

Hélicoïdes (Ἕλιξ, *hélice*, εἶδος, *apparence*). Roulé en forme d'hélice.

Héliotropiques (ἥλιος, *soleil*, τρέπω, *se tourner*). Mouvements provoqués par la lumière.

Helminthes (ἕλμινς, *ver intestinal*). Groupe de vers dont la plupart sont parasites.

Hématopoïèse (αἷμα, *sang*, ποιέω, *faire*). Élaboration du sang.

Hématose (αἷμα, *sang*). Transformation du sang veineux en sang artériel.

Hémoglobine (αἷμα, *sang*, globulus, *globule*). Matière colorante des globules rouges du sang.

Hépatique (ἧπαρ, ατος, *foie*). Relatif au foie.

Heptandrie (ἑπτά, *sept*, ἀνήρ, *mâle*). Classe de Linné comprenant les plantes dont les fleurs ont sept étamines.

Herbivore (*herba, herbe, vorare, manger*). Qui se nourrit de végétaux.

Hermaphrodite (Ἑρμῆς, *Mercure*, Ἀφροδίτη, *Vénus*). Plante dont chaque fleur renferme un pistil et des étamines.

Hétérosporées (ἕτερος, *différent*, σπορά, *spore*). Cryptogames qui possèdent des spores de deux sortes.

Hétérostylées (ἕτερος, *différent*, στῦλος, *style*). Fleurs qui n'ont pas toutes des styles de même longueur.

Hexandrie (ἕξ, *six*, ἀνήρ, *mâle*). Classe de Linné comprenant les plantes dont les fleurs ont six étamines.

Hibernation (*hibernus, d'hiver*). Engourdissement de certains animaux pendant l'hiver.

Hile (*hilum, petit point*). Point d'attache du funicule à l'ovule.

Hippurique (ἵππος, *cheval*, οὖρον, *urine*). Acide hippurique contenu dans l'urine des Herbivores.

Holothurides (ὁλοθούριον, mot créé par Aristote). Groupe d'Échinodermes.

Homostylées (ὁμός, *semblable*, στῦλος, *style*). Fleurs qui ont toutes des styles de même longueur.

Humérus. Mot latin : os du bras.

Hyaloïde (ὕαλος, *verre*, εἶδος, *apparence*). *Corps hyaloïde* : humeur vitrée de l'œil. *Membrane hyaloïde* : membrane qui enveloppe l'humeur vitrée.

Hydrocarbonés (ὕδωρ, *eau*, *carbone*). Nom donné à une classe d'aliments à cause de sa composition.

Hydroméduses (*hydra, hydre, méduse*). Animaux à génération alternante, revêtant successivement la forme de polypes et celle de méduses.

Hydrotropiques (ὕδωρ, *eau*, τρέπω, *se tourner*). Mouvements provoqués par l'humidité chez les plantes.

Hyoïde. Os υ ψιλόν, lettre grecque, εἶδος, *forme*. Os qui a la forme de l'upsilon grec.

Hypermétropie (ὑπέρ, au-delà, μέτρον, mesure, ὄψ, œil). Anomalie de l'œil, dans laquelle il faut un effort pour voir de près.

Hypogés (ὑπό, sous, γῆ, terre). Nom donné aux cotylédons qui restent sous terre à la germination.

Hypogynes (ὑπό, sous, γυνή, femelle). Étamines insérées sous le pistil.

Hypoxanthine. Substance qui se rapproche de la xanthine.

Icosandrie (εἴκοσι, vingt, ἀνήρ, mâle). Classe de Linnée comprenant les plantes dont les fleurs ont vingt étamines ou plus adhérentes au calice.

Iléon (εἰλέω, pelotonner). Partie de l'intestin grêle offrant de nombreux replis.

Iliaque (Os) (ilia, flancs). Os de la hanche.

Infère (infra, au-dessous). Organe situé sous un autre.

Infusoires (infusum, infusion). Protozoaires qui se développent dans les infusions organiques.

Inosite (ἴς, ἴνός, fibre, nerf). Substance que l'on trouve surtout dans les fibres musculaires.

Insectes (in-secare, couper). Animaux qui ont le corps composé de segments.

Insectivores (insectum, insecte; voro, manger). Ordre de mammifères qui se nourrissent d'insectes.

Intermaxillaire (inter, entre, maxilla, mâchoire). Os situé entre les deux maxillaires supérieurs et portant les incisives supérieures. Cet os n'existe pas chez l'homme.

Intine (intus, à l'intérieur). Membrane intérieure du grain de pollen, appelée aussi : Endhyménine (ἔνδον, à l'intérieur, ὑμήν, membrane).

Intussusception (intus, à l'intérieur, suscipere, recevoir). Introduction des aliments à l'intérieur du corps.

Inuline. Matière amylacée contenue en particulier dans l'Inula.

Involucre (involvere, envelopper). Réunion de bractées entourant certaines fleurs.

Isomériques (Corps). Corps ayant même composition chimique (ἴσος, égal, μέρος, partie).

Isosporées (ἴσος, pareil, σπορά, spore). Cryptogames qui possèdent des spores d'une seule sorte.

Jejunum (jejunus, à jeun, vide). Partie de l'intestin grêle que l'on trouve toujours vide dans les dissections.

Jugulaires (jugulus, cou, gorge). Nom donné aux veines du cou, qui ramènent le sang de la tête au cœur.

Kératine (κέρας, ατος, corne). Un des principes constitutifs des tissus épithéliaux.

Labiée (labium, lèvre). Fleur présentant deux lèvres.

Lactique (lac, lait). Acide qui se produit dans plusieurs fermentations et en particulier dans celle du lait.

Lamellibranches (lamella, lamelle, βράγχια, branchies). Mollusques dont les branchies ont la forme de lamelles.

Larve (larva, masque). Première forme que prennent, en sortant de l'œuf, les animaux qui subissent des métamorphoses.

Larynx (λάρυγξ, même signification). Organe de la parole.

Latex (latex, liquide). Suc élaboré par les végétaux.

Lécithine (λέκιθος, jaune d'œuf). Substance trouvée dans le jaune d'œuf et dans le cerveau.

Légumine (legumen, légume, gousse). Matière albuminoïde contenue dans les plantes légumineuses.

Lémuriens (lemures, revenants). Groupe de Quadrumanes.

Lenticulaire (Os) (lenticula, lentille, diminutif de lens). Un des osselets de l'ouïe.

Leptocardiens (λεπτός, étroit, καρδία, cœur). Ordre de Poissons (Amphioxus) dont le cœur est remplacé par des troncs vasculaires contractiles.

Leucine (λευκός, blanc). Substance de couleur blanche.

Leucocytes (λευκός, blanc, κύτος, sac). Globules blancs du sang.

Liber (mot latin : même sens). Partie de la tige des plantes située immédiatement sous l'écorce.

Ligament (ligare, attacher, unir). Tissu fibreux qui unit les os entre eux.

Lignification (lignum, bois, facere, faire). Transformation en lignine.

Lignine (lignum, bois). Élément essentiel du bois.

Ligulée (lingua, langue). Fleur ayant l'apparence d'une languette.

Linguatulides (lingua, langue). Arachnides à corps allongé comme une langue.

Lobe (λοβός, bout d'un organe). Division arrondie d'un organe.

Lobule. Petit lobe.

Loculicide (loculus, loge, cædo, couper). Nom donné à un genre de déhiscence du fruit.

Lombaire (lumbi, reins, région des reins). Relatif à la région des reins.

Longistyle (longus, long, stylus, style). Fleur à long style.

Luette (*uva*, *raisin*). Appendice charnu du voile du palais, flottant dans l'arrière-bouche.

Lymphe (*lympha*, *eau*). Liquide qui circule dans les vaisseaux lymphatiques.

Macrospore (μακρός, *grand*, σπορά, *semence*). Spore produisant un prothalle femelle.

Malacozoaires (μαλαχός, *mou*, ζῶον, *animal*). Animaux ainsi nommés à cause de la consistance de leur corps.

Malaire (*mala*, *joues*). Os malaire : os de la joue.

Malléole (*malleolus*, *petit marteau*). Cheville du pied.

Marcescent (*marcescere*, se *dessécher*). Organe qui se flétrit sur la plante.

Marsupiaux (*marsupium*, *bourse*). Ordre de mammifères pourvus d'une poche, qui reçoit les petits après leur naissance.

Masséter (μασάομαι, *mâcher*). Un des muscles masticateurs.

Mastoïde (μαστός, *mamelon*, εἶδος, *apparence*). Apophyse mastoïde : apophyse du temporal, située derrière l'oreille.

Maxillaire (*maxilla*, *mâchoire*). Os des mâchoires.

Méats (*meatus*, *ouverture*). Interstices qui se trouvent entre les cellules de certains tissus végétaux : les lacunes sont des interstices plus grands.

Médullaire (*medulla*, *moelle*). Relatif à la moelle.

Méninge (μῆνιγξ, même signification). Membrane qui enveloppe les centres nerveux.

Mésentère (μέσος, *au milieu*, ἔντερον, *intestin*). Membrane qui soutient les intestins.

Mésocarpe (μέσος, *milieu*, καρπός, *fruit*). Partie du péricarpe qui souvent devient charnue (*sarcocarpe*).

Métacarpe (μετά, *après*, καρπός, *poignet*). Os de la paume de la main.

Métatarse (μετά, *après*, ταρσός, *tarse*). Os de la plante du pied.

Microbe (μιχρός, *petit*, βίος, *vie*, être *vivant*). Organisme microscopique.

Micrococcus (μιχρός, *petit*, κόκκος, *graine*). Genre de microbe.

Micropyle (μιχρός, *petit*, πύλη, *porte*). Orifice pratiqué dans le tégument ovulaire.

Microspore (μιχρός, *petit*, σπορά, *semence*). Spore produisant un prothalle mâle.

Minéralisation. Imprégnation de sels minéraux.

Mitrale (Valvule) (*mitra*, *mitre*). Une des valvules du cœur, ainsi nommée à cause de sa forme.

Monadelphes (μόνος, *un*, ἀδελφός, *frère*). Étamines réunies en un seul faisceau.

Monandrie (μόνος, *un seul*, ἀνήρ, *mâle*). Classe de Linnée comprenant les plantes dont les fleurs ont une seule étamine.

Monocarpique (μόνος, *un seul*, καρπός, *fruit*). Se dit d'une plante qui fleurit et fructifie une seule fois.

Monocotylédones (μόνος, *un seul*, cotylédon). Plantes à un seul cotylédon.

Monœcie (μόνος, *unique*, οἰχία, *demeure*). Réunion des fleurs mâles et femelles sur le même individu.

Monoïque (μόνος, *unique*, οἰχία, *demeure*). Plante dans laquelle les fleurs mâles et les fleurs femelles sont réunies sur le même pied.

Monotrèmes (μόνος, *un seul*, τρῆμα, *orifice*). Ordre de Mammifères présentant un cloaque comme les oiseaux.

Morphologie (μορφή, *forme*, λόγος, *étude*). Étude de la forme des organes des êtres vivants.

Mucus. Fluide sécrété par les muqueuses.

Muscinées (*muscus*, *mousse*). Embranchement comprenant les Mousses et les Hépatiques.

Myéline (μυελός, *moelle*). Une des parties constitutives des tubes nerveux.

Myopie (μύω, *cligner*, ὤψ, *œil*). Anomalie de l'œil, dans laquelle la vision de loin n'est pas distincte.

Myosine (μυών, *muscle*). Un des éléments du tissu musculaire.

Myriapodes (μυρίος, *très nombreux*, πούς, ὀδός, *pied*). Animaux appelés aussi *Mille-pieds*.

Myxomycètes (μύξα, *mucosité*, μύχης, *champignon*). Champignons ainsi appelés à cause de leur consistance.

Névrilemme (νεῦρον, *nerf*, λέμμα, *écorce*). Enveloppe celluleuse des nerfs.

Nictitante (Membrane) (*nicto*, *cligner*). Troisième paupière des oiseaux, fixée à l'angle interne de l'œil.

Nucelle (*nux*, *ucis*, *noix*). Une des parties essentielles de l'ovule.

Nucléole (*nucleus*, *noyau*). Petit noyau.

Occipital (*occiput*, *partie postérieure de la tête*). Un des os du crâne.

Occlusion (*occludere*, *fermer*). Action de fermer.

Octandrie (ὀχτώ, *huit*, ἀνήρ, *mâle*). Classe de Linnée, comprenant les plantes dont les fleurs ont huit étamines.

Œdème (οἴδημα, *gonflement*). Tumeur molle.

Œsophage (οἴσω, *futur de* φέρω, *porter*, φαγεῖν, *manger*). Tube allant du pharynx à l'estomac.

Oléique (Acide) (*oleum, huile*). Acide gras.

Oléorésines (*oleum, huile, resina, résine*). Substances intermédiaires entre les huiles et les résines.

Olfaction *olfacere, flairer*. Faculté de sentir.

Oligochètes (ὀλίγος, *peu nombreux*, χαίτη, *poil*). Annélides pourvus d'un petit nombre de soies.

Ombelle (*umbella, parasol*). Inflorescence en forme de parasol.

Omoplate (ὦμος, *épaule*, πλατύς, *large*). Os de l'épaule.

Ongulés (*ungula, sabot, corne du pied*). Mammifères dont le pied est recouvert d'un sabot.

Oogone (ὠόν, *œuf*, γονόω, *produire*). Cavité dans laquelle se forme l'oosphère chez les cryptogames.

Oosphère (ὠόν, *œuf*, σφαῖρα, *boule*). Petit corps qui doit devenir l'œuf chez les Plantes.

Opercule (*operculum, couvercle, de operire, couvrir*). Couvercle.

Ophidiens (ὄφις, *serpent*). Ordre de reptiles, constitué par les serpents.

Ophiurides ὄφις, *serpent*, οὐρά, *queue*. Ordre d'Echinodermes.

Ophthalmique (ὀφθαλμός, *œil*). Relatif à l'œil.

Optique (ὄπτομαι, *je vois*). Relatif à la vision.

Orbiculaire (*orbis, cercle*). Circulaire.

Orthotrope ὀρθός, *droit*, τρέπω, *se tourner*. Se dit de l'ovule quand il est dressé.

Osmose. Nom générique par lequel on désigne l'*endosmose* et l'*exosmose*.

Osséine (*ossum, os*). Un des éléments du tissu osseux.

Ostéoplastes (ὀστέον, *os*, πλάσσω, *former*). Cellules osseuses.

Ostéozoaires (ὀστέον, *os*, ζῶον, *animal*). Animaux possédant un squelette intérieur appelés aussi Vertébrés).

Ostiole (*ostium, porte*). Orifice des stomates des feuilles.

Ostracodes (ὄστρακον, *coquille*, εἶδος, *forme*). Petits crustacés enfermés dans une carapace dure.

Otoconie (οὖς, ὠτός, *oreille*, κονία, *poussière*). Poussière calcaire recouvrant certains organes placés dans l'oreille interne.

Otocyste (οὖς, ὠτός, *oreille*, κύστις, *vessie*). Vésicule auditive des Invertébrés.

Otolithes (οὖς, ὠτός, *oreille*, λίθος, *pierre*). Petits corps pierreux constituant l'otoconie.

Ovaire (*ovum, œuf*). Partie du pistil qui renferme les ovules.

Ovule (*ovum, œuf*). Petit corps qui doit plus tard devenir la graine.

Oxyhémoglobine (*oxygène, hémoglobine*). Matière résultant de la combinaison de l'oxygène et de l'hémoglobine.

Pachydermes (παχύς, *épais*, δέρμα, *peau*). Groupe de Mammifères.

Palmée (*palma, paume de la main*). Feuille dont on compare la forme à celle d'une main.

Palminerve (*palma, paume, nervus, nervure*). Feuille à nervures disposées comme les doigts de la main.

Palmipèdes (*palma, paume, pes, pied*). Oiseaux dont les doigts du pied sont réunis par une membrane.

Palmitique (Acide) (*palma, palmier*). Acide fourni par l'huile de palme.

Pancréas (πᾶν, *tout*, κρέας, *chair*). Glande annexée au tube digestif.

Papille (*papilla, mamelon*). Petite éminence à la surface d'un organe.

Parasite (παρά, *auprès*, σῖτος, *nourriture*). Qui vit aux dépens d'un autre.

Parenchyme (παρά, ἐν, χυμός, *suc*). Tissu végétal.

Pariétaux (*paries, muraille*). Os qui forment les côtés du crâne.

Parotide (παρά, *auprès*, οὖς, ὠτός, *oreille*). Glande salivaire située près de l'oreille.

Pathologie (πάθος, *maladie*, λόγος, *étude*). Science des maladies.

Pavimenteux (*pavimentum, carrelage*). Qui a l'apparence d'un carrelage.

Pectiniforme (*pecten, peigne, forma, forme*). En forme de peigne.

Pectose. Substance amyloïde contenue dans les fruits et dans certaines racines.

Pédicelle (*pes, pedis, pied*). Support de la fleur. Synonyme: *Pédoncule*.

Pennée (*penna, plume d'oiseau*). Feuille dont on compare la forme à celle d'une plume d'oiseau.

Pennes (*penna, plume d'oiseau*). Grosses plumes de l'aile ou de la queue des oiseaux.

Penniforme (*penna, plume, forma, forme*). En forme de plume.

Penninerve (*penna, plume, nervus, nervure*). Feuilles à nervures disposées comme les barbes d'une plume.

Pentamère (πέντε, *cinq*, μέρος, *partie*). Qui a cinq parties.

Pentandrie (πέντε, *cinq*, ἀνήρ, *mâle*). Classe de Linnée comprenant les plantes dont les fleurs ont cinq étamines.

Pepsine (πέπτω, *cuire, digérer*). Élément essentiel du suc gastrique.

10

Peptone (πέπτω, *cuire, digérer*). Nom donné à l'albuminose, matière qui provient de l'action de la pepsine sur les substances albuminoïdes.

Pérennibranches *perennis, permanent. branchia. branchies*. Groupe d'Amphibiens qui conservent toujours leurs branchies.

Périanthe (περί, *autour*, ἄνθος, *fleur*). Enveloppe de la fleur.

Péricarde (περί, *autour*, καρδία, *cœur*). Membrane qui enveloppe le cœur.

Péricarpe (περί, *autour*, καρπός, *fruit*). Partie extérieure du fruit.

Périgynes (περί, *autour*, γυνή, *femelle*). Étamines insérées autour du pistil.

Périlymphe (περί, *autour*, *lympha. eau*). Liquide contenu dans l'oreille interne.

Périnèvre (περί, *autour* νεῦρον, *nerf*). Enveloppe des faisceaux nerveux.

Périoste (περί, *autour*, ὀστέον, *os*). Membrane qui entoure les os.

Périsperme (περί, *autour*, σπέρμα, *graine*). Réserve nutritive qui entoure l'embryon dans la graine.

Péristaltiques (περι-στέλλω, *comprimer*). Nom donné aux mouvements de l'intestin.

Péritoine (περι-τείνω, *serrer autour*). Membrane qui entoure la plupart des organes abdominaux.

Péroné (περόνη, *agrafe*). Un des os de la jambe, le plus grêle.

Personée (*persona, masque*). Fleur disposée en masque, en gueule.

Pétales (πέταλον, *même sens*, de πετάννυμι, *étendre*). Pièces de la corolle.

Pétiole (*pes, pedis, pied*). Support de la feuille.

Phanérogames (φανερός, *apparent*, γαμός, *union*). Plantes à fleurs.

Pharynx (φάρυγξ, *même signific.*). Arrière-bouche.

Phonation (φωνή, *voix*). Faculté d'émettre des sons.

Phosphènes (φῶς, *lumière*, φαίνω, *apparaître*). Sensations lumineuses subjectives.

Phyllotaxie (φύλλον, *feuille*, τάξις, *disposition*). Disposition des feuilles sur la tige.

Physiologie (φύσις, *nature*, λόγος, *étude*). Science des phénomènes de la vie.

Pigment (*pigmentum*, matière colorante, de *pingere, peindre*). Matière colorante.

Piléorhize (πῖλος, *chapeau*, ῥίζα, *racine*). Coiffe de la racine.

Pilifère (*pilus, poil. ferre, porter*). Qui porte des poils.

Pinéale (*pinea, pomme de pin*). Glande pinéale, ainsi nommée à cause de sa forme.

Pinnipèdes (*pinna, nageoire, pes, pied*). Mammifères dont les pieds sont transformés en nageoires (*Phoques, Morses*).

Pistil (*pistillus, pilon*). Organe végétal ainsi nommé à cause de sa forme.

Placenta (*mot latin, gâteau*). Point où le funicule s'attache à l'ovaire.

Plasma (πλάσσω, *former*). Élément liquide amorphe du sang.

Plèvre (πλευρόν, *côté de la poitrine*). Membrane qui enveloppe les poumons.

Plexus (*mot latin, entrelacement*). Entre-croisement de plusieurs branches nerveuses ou vasculaires.

Pluriloculaire (*plures, plusieurs, loculus, loge*). A plusieurs loges.

Pneumo-gastrique (πνεύμων, poumon, γαστήρ, *estomac*). Nom du nerf qui se distribue aux poumons et à l'estomac.

Pollen (*mot latin, fleur de farine*). Poussière fécondante renfermée dans les anthères.

Pollinisation. Transport des grains de pollen sur le stigmate.

Polyadelphes (πολύς, *plusieurs*, ἀδελφός, *frère*). Nom donné aux étamines soudées par les filets en plusieurs faisceaux.

Polyandrie (πολύς, *nombreux*, ἀνήρ, *mâle*). Classe de Linné renfermant les fleurs ayant 20 étamines ou plus, adhérant au réceptacle.

Polycarpique (πολύς, *nombreux*, καρπός, *fruit*). Se dit d'une plante qui fleurit et fructifie plusieurs fois.

Polychètes (πολύς, *nombreux*, χαίτη, *poil*). Annélides pourvus de nombreuses soies.

Polygame (πολύς, *plusieurs*, γάμος, *union*). Plante portant sur le même pied des fleurs hermaphrodites et des fleurs unisexuées.

Ponctuations (*punctus, piqûre, trou*). Amincissements que présentent les parois de certaines cellules.

Préfloraison (*præ, avant, flos. fleur*). Disposition des parties de la fleur avant son épanouissement, dans le bouton.

Préfoliation (*præ, avant, folium, feuille*) Disposition des feuilles dans le bourgeon.

Presbytie (πρέσβυς, *vieillard*). Anomalie de l'œil qui se développe dans la vieillesse.

Primates (*primus, premier*). Ordre de singes qui occupent le premier rang dans la série animale.

Proboscidiens (προβοσκίς, trompe, de πρό. βόσκω). Ordre de Mammifères munis d'une trompe.

Protéiques (*proteus, protée*). Substances albuminoïdes, ainsi nommées à cause de leur instabilité.

Prothalle (pro. avant. thallus, tige feuillée). Lame de tissu cellulaire qui porte les organes reproducteurs chez les Cryptogames.

Protoplasma (πρῶτος, premier, πλάσμα. formation). Élément fondamental de la cellule.

Protozoaires (πρῶτος, premier. ζῶον. animal). Animaux les plus inférieurs de la série zoologique.

Protraction (pro-trahere, tirer en avant). Action de tirer en avant.

Ptéropodes (πτερόν, aile, πούς ὁδος. pied). Mollusques chez lesquels les expansions du pied ont la forme d'ailes.

Ptérygoïdien. Relatif aux apophyses ptérygoïdes du sphénoïde, apophyses qui ont la forme d'ailes (πτέρυξ. aile, εἶδός, forme).

Ptyaline (πτύω, cracher). Élément essentiel de la salive.

Pylore (πύλη, porte, οὖρος, gardien). Orifice inférieur de l'estomac.

Pyxide (πυξίς, boite). Sorte de fruit qui s'ouvre comme une boite dont on soulève le couvercle.

Rachis (ράχις, même signif.. Colonne vertébrale.

Radius, mot latin désignant l'un des os de l'avant-bras.

Raphé (ραφή. couture. de ράπτω. coudre). Cordon qui unit le hile à la chalaze.

Réceptacle (recipere, recevoir). Extrémité du pédoncule qui reçoit les parties de la fleur.

Rectinerve (rectus, droit, nervus, nervure). Feuille à nervures droites.

Rectum (rectus, droit). La dernière portion du gros intestin. qui est à peu près droite.

Résorption (re-sorbere, absorber de nouveau). Absorption d'une humeur du corps.

Réticulé (reticulum, réseau). En forme de réseau.

Rétine (rete, réseau). Membrane formée par l'épanouissement du nerf optique.

Rhizocéphales (ρίζα, racine, κεφαλή. tête). Groupe de Cirrhipèdes qui, à l'état adulte, enfoncent des racines dans le corps des animaux dont ils sont parasites.

Rhizoïdes (ρίζα. racine, εἶδος, apparence). Petits poils qui remplacent les racines chez les plantes cellulaires et chez quelques parasites.

Rhizome (ρίζα, racine). Tige souterraine.

Rhizopodes (ρίζα. racine, πούς ὁδος. pied). Protozoaires, émettant des prolongements qui ressemblent à des racines.

Rhytidome (ρυτίς, ιδος, ride). Tissus morts qui recouvrent la tige.

Rotateurs (rota. roue). Animalcules dont les cils circumbuccaux présentent, quand ils sont en mouvement, l'apparence d'une roue.

Saccharose (saccharum, sucre. Matière sucrée.

Sacrum (sacrum, chose sacrée. Os ainsi appelé parce que les entrailles. qui sont situées dans sa région. étaient offertes aux dieux dans les sacrifices d'animaux.

Salpiens (σάλπιγξ, trompette). Groupe de Tuniciers.

Saprophyte (σαπρός. pourri, φυτόν, plante). Plante qui vit sur des organismes en décomposition.

Sauriens (σαύρα. lézard). Ordre de reptiles comprenant les lézards.

Scalariforme (scalaria. escalier ; forma, forme). En forme d'escalier.

Scalène (σκαληνός, oblique). Nom de deux paires de muscles du cou.

Scaphopodes (σκάπτω, creuser. πούς. ὁδος, pied). Groupe de Mollusques.

Scissiparité (scindo, couper. pario, engendrer). Reproduction qui s'opère par scission ou division.

Sclérenchyme (σκληρός, dur, ἐν, dedans, χυμός, suc). Tissu végétal.

Sclérotique (σκληρός, dur). Membrane externe de l'œil.

Scorpioïde (σκορπίος, scorpion. εἶδος, ressemblance). Roulé comme la queue du scorpion.

Sébacé (sebum, suif). Principe gras.

Sécrétion (se-cernere, mettre à part, séparer). Formation, aux dépens du sang. de différents principes destinés à des usages particuliers.

Sépales. Pièces qui composent le calice.

Septicide (septum, cloison, cædere, couper). Se dit d'un mode de déhiscence du fruit.

Septifrage (septum, cloison, frangere briser). Se dit d'un mode de déhiscence du fruit.

Septum lucidum. Mots latins : cloison transparente.

Sérum (serum, petit-lait). Partie aqueuse d'un liquide coagulé.

Sigmoïde (σίγμα. lettre grecque, εἶδος, apparence). En forme de sigma.

Sinus (mot. latin, cavité). Cavité plus ou moins sinueuse.

Solipèdes (solus, seul, pes, pied). Groupe de Mammifères n'ayant qu'un doigt à chaque pied.

Spathe (σπάθη. épée). Sorte de bractée en forme de cornet.

Sphénoïde (σφήν. coin, εἶδος, apparence). Os cunéiforme. appelé aussi os chauve-souris.

Sphincter (σφίγγω, *resserrer*). Nom donné à plusieurs muscles destinés à fermer certains orifices.

Splénique (σπλήν, *rate*). Relatif à la rate.

Sporange (σπορά, *semence*, ἀγγεῖον, *vase*). Petit sac qui contient les spores.

Spores (σπορά, *semence*, de σπείρω, *semer*). Cellules reproductrices, spéciales aux Cryptogames.

Sporiparité (σπορα, *spore*). Reproduction qui s'opère par des spores.

Sporogone (σπορά, *semence*, γονόω, *produire*). Petit sac, souvent pédicellé, qui contient les spores.

Staminode (*stamen*, *fil*. εἶδος, *ressemblance*). Étamine avortée.

Stéarine (στέαρ, *suif*). Matière grasse composée de glycérine et d'acide stéarique.

Stellérides (*stella*, *étoile*). Échinodermes ainsi nommés à cause de leur forme étoilée.

Sterno-cleido-mastoïdien. Nom d'une paire de muscles qui s'insèrent d'une part à l'apophyse *mastoïde* du temporal, d'autre part au *sternum* et à la *clavicule* (κλείς, ειδός).

Sternum (*sterno*, *couvrir*). Un des os du thorax.

Stigmate (στίγμα *piqûre*). Extrémité du style. Orifice des trachées des Arthropodes.

Stipules (*stipula*, *paille*). Organes foliacés, situés à la base des feuilles.

Stomates (στόμα, *bouche*). Orifices de feuilles.

Stroma (στρῶμα, même sens que le mot latin *substratum*). Partie fondamentale d'une substance, d'un organe.

Style (στύλος, *colonne*). Petite colonne qui surmonte l'ovaire.

Subérine (*suber*, *liège*). Substance qui constitue le liège.

Sudoripare (*sudor*, *sueur*, *pario*, *produire*). Nom donné aux glandes qui sécrètent la sueur.

Supère (*supra*, *au-dessus*). Organe situé au-dessus d'un autre.

Suture (*sutura*, *couture*, de *suere*, *coudre*). Genre d'articulation. Ligne suivant laquelle deux organes ou deux bords d'un organe sont comme cousus ensemble.

Symphyse (σύν, *avec*, φύομαι, *croître*). Genre d'articulation.

Synanthérées (σύν, *avec*, *anthère*). Fleurs dont les anthères sont soudées.

Synergides (σύν, *avec*, ἔργον, *travail*), Cellules qui concourent à la fécondation de l'oosphère.

Syngénésie (σύν, *avec*, γίγνομαι, *naître*). Classe de Linnée renfermant les fleurs dont les étamines sont soudées par les anthères.

Synoviales. Membranes qui sécrètent la *synovie*.

Synovie (σύν, *avec*, ὠόν, *œuf*). Liquide ayant l'apparence de blanc d'œuf.

Systole (συ-στέλλω, *contracter*). Contraction des cavités du cœur.

Tœnia (ταινία, *ruban*). Ver intestinal dont le corps a la forme d'un ruban.

Tardigrades (*tardus*, *lent*, *gradus*, *démarche*). Groupe d'Arachnides.

Tarse (ταρσός, *plante du pied*). Partie postérieure du pied.

Téléostéens (τέλεος, *parfait*, ὀστέον, *os*). Poissons osseux, par opposition aux poissons cartilagineux.

Temporal (*tempus*, *oris*, *tempe*). Situé dans les régions des tempes.

Tendon (τείνω, *tendre*). Faisceau fibreux reliant les muscles aux os.

Tentacules (*tentare*, *tâter*). Prolongements au moyen desquels certains animaux saisissent leur proie, ou tâtent les objets pour les reconnaître.

Tétrade (τετρα, *quatre*). Groupe de quatre.

Tétradynames (τετρα, *quatre*, δύναμις, *puissance*). Étamines au nombre de six, dont quatre sont plus grandes.

Tétramère (τετρα, *quatre*, μέρος, *partie*). Fleur à quatre parties.

Tétrandrie (τέσσαρες, *quatre*, ἀνήρ, *mâle*). Classe de Linnée comprenant les plantes dont les fleurs ont quatre étamines.

Thallophytes (θάλλω, *pousser*, φυτόν, *plante*). Cryptogames les plus inférieures.

Thérapeutique (θεραπεύω, *guérir*). Art de guérir les maladies.

Thermique (θερμός, *chaud*). Relatif à la chaleur.

Thermotropiques (θερμός, *chaud*, τρέπω, *se tourner*). Mouvements provoqués par la chaleur dans différents organes végétaux.

Thorax (θώραξ, *poitrine*). Cage osseuse entourant les organes situés dans la poitrine.

Thyroïde (θυρεός, *bouclier*, εἶδος, *forme*). Cartilage du larynx.

Tibia (*tibia*, *flûte*). Le plus gros des deux os de la jambe.

Toxique (τοξικόν, *poison*). Vénéneux.

Trachée-Artère (τραχύς, *rude*, ἀρτηρία, *artère*). Partie des voies respiratoires.

Trachées (τραχύς, *rude*). Tubes aérifères servant à la respiration chez la plupart des articulés aériens.

Trématodes (τρῆμα, *trou*). Vers parasites dont le tube alimentaire ne présente qu'un orifice.

Triandrie (τρεῖς, *trois*, ἀνήρ, *mâle*). Classe de Linnée comprenant les plantes dont les fleurs ont trois étamines.

Tricuspide (*tres, trois, cuspis, pointe*). Valvule tricuspide, qui a trois pointes.

Trigone (τρεῖς, *trois*, γωνία, *angle*). Portion de la substance cérébrale, ayant la forme d'un triangle isocèle. Appelé aussi voûte à trois piliers.

Trimère (τρεῖς, *trois*, μέρος, *partie*). Fleur à trois parties.

Trochanter (τροχάω, *tourner*). Nom de deux tubérosités du fémur, auxquelles s'attachent les muscles qui font tourner la cuisse.

Trophique (τρέφω, *nourrir*). Relatif à la nutrition.

Tubériforme. En forme de tubercule.

Turbellariés (*turba, agitation*). Vers ainsi appelés à cause des courants déterminés par leurs cils.

Tympan (τύμπανον, *tambour*). Appareil constituant l'oreille moyenne.

Unguis (mot latin : *ongle*). Os ainsi appelé, parce qu'on le compare à un ongle.

Uniloculaire (*unus, un, loculus, loge*). A une seule loge.

Urée (οὖρον, *urine*). Elément essentiel de l'urine.

Uretère. Urèthre. Urique acide) : Même étymologie que *Urée.*

Urobiline (οὖρον, *urine*, *bilis, bile*). Une des parties colorantes de l'urine.

Urodèles (οὐρά, *queue*, δῆλος, *apparent*). Amphibiens qui conservent toujours leur queue.

Utricule (dimin. de *uter, outre, sac*). Petit sac.

Vacuole (*vacuus, vide*). Petit espace vide.

Valérique (Acide). Acide provenant de la *Valériane.*

Valvule (*valva, porte à deux battants*). Membranes jouant le rôle de soupapes.

Vaso-constricteurs (*vas, vaisseau, constringere, resserrer*). Nerfs qui rétrécissent les vaisseaux sanguins.

Vaso-dilatateurs (*vas, vaisseau, dilatare, dilater*). Nerfs qui dilatent les vaisseaux sanguins.

Vaso-moteurs (*vas, vaisseau, movere, mettre en mouvement*). Nerfs de la circulation.

Vertèbres (*verto, tourner*). Os formant la colonne vertébrale.

Verticille (*vertex, tête, cime*). Réunion de feuilles ou de fleurs disposées en anneau autour de leur support commun.

Villosités (*villus, poil*). Petites saillies filiformes.

Vitelline (*vitellus, jaune d'œuf*). Substance contenue dans le jaune d'œuf.

Vomer (mot latin : *soc de charrue*). Un des os de la face.

Xanthine (ξανθός, *jaune*). Substance de couleur jaune, existant dans plusieurs tissus animaux.

Zoospores (ζῶον, *animal*, σπορά, *graine*). Spores de certaines cryptogames que l'on a comparées à des animalcules à cause de leurs mouvements.

Zygodactyles (ζεῦγος, *couple, paire*, δάκτυλος, *doigt*). Oiseaux grimpeurs dont les pieds sont formés de deux doigts antérieurs et de deux doigts postérieurs.

Zygomatique (ζύγωμα, *corps transversal qui en joint deux autres*, de ζυγόω, *joindre*). Apophyse zygomatique : Eminence longue et grêle de l'os temporal qui s'articule avec l'os de la pommette.

INDEX

DES TABLEAUX SYNOPTIQUES.

FIN.

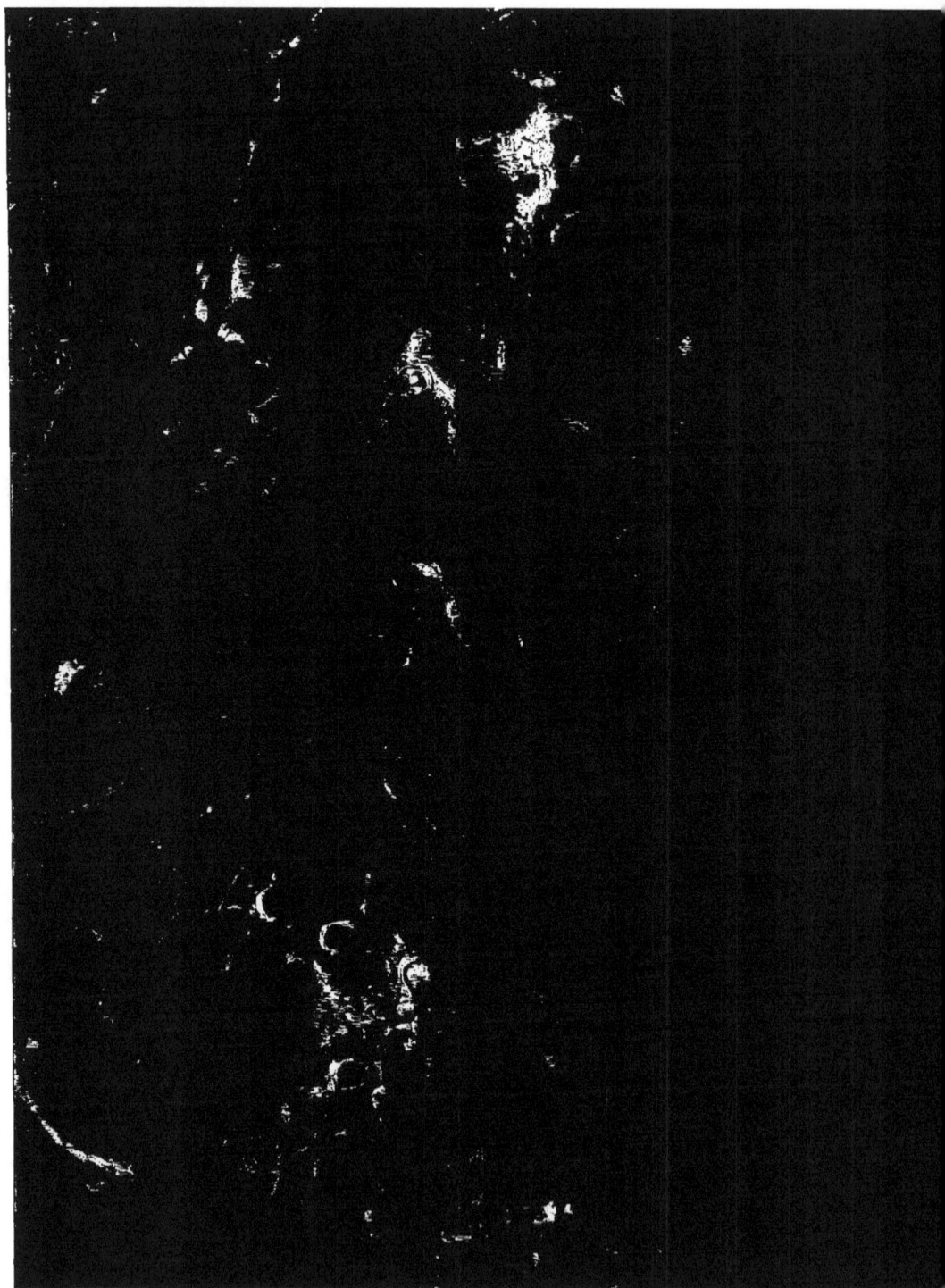

www.ingramcontent.com/pod-product-compliance
Lightning Source LLC
Chambersburg PA
CBHW071503200326
41519CB00019B/5860